人生很短 聪明选择

晓霞 编著

煤炭工业出版社
·北京·

图书在版编目（CIP）数据

人生很短，聪明选择 / 晓霞编著． --北京：煤炭工业出版社，2018
ISBN 978-7-5020-6485-3

Ⅰ.①人… Ⅱ.①晓… Ⅲ.①成功心理—通俗读物 Ⅳ.①B848.4-49

中国版本图书馆 CIP 数据核字（2018）第 036963 号

人生很短 聪明选择

编　　著	晓　霞
责任编辑	马明仁
封面设计	浩　天
出版发行	煤炭工业出版社（北京市朝阳区芍药居35号　100029）
电　　话	010-84657898（总编室）
	010-64018321（发行部）　010-84657880（读者服务部）
电子信箱	cciph612@126.com
网　　址	www.cciph.com.cn
印　　刷	永清县晔盛亚胶印有限公司
经　　销	全国新华书店
开　　本	880mm×1230mm $^1/_{32}$　印张 $7^1/_2$　字数 200 千字
版　　次	2018年5月第1版　2018年5月第1次印刷
社内编号	9365　　　　　　　　定价 38.80 元

版权所有　违者必究

本书如有缺页、倒页、脱页等质量问题，本社负责调换，电话：010-84657880

前 言

　　人生面临的选择不计其数，而且时刻存在于我们周围。小时候，我们就开始在选择想要的东西，只不过那时候的选择是潜意识的，就像吃或不吃，睡或不睡这样一些在成年人看来单调、简单的事。处于那个年龄的孩子，却不认为那是一件简单的事。随着岁月的变迁，我们的选择越来越多，像吃饭穿衣等这样的琐事虽然也存在选择性，但已不再困扰我们，我们考虑更多的是感情和事业及人生路上更重要的事。

　　随着社会经济的发展，我们拥有着越来越多的选择的权利，这是自由，同时也是烦恼。有时候，我们会朝三暮四，朝秦暮楚，不觉间前功尽弃，大事难成；有时候，我们又好高骛远，想入非非，不结合实际，而是凭借幻想的翅膀肆意地翱翔，结果可以想见，必然是一事无成；有时候，我们遵循世俗的观念，或是

顺从父母的心愿，选择一些在许多人眼中令人羡慕的职业，却从未问过自己是否快乐。到头来，失去了对工作的兴趣，也只能是庸庸碌碌地度过一生。要想获得事业的成功和生活的幸福，首先应问自己，什么才是最适合自己的生活方式？只有结合自身的特长、兴趣以及人生态度和理想追求，才能够做出明智的选择。也只有如此，才能够过上最适合自己的生活，寻找到幸福的真谛。

选择不是一个静止的概念，而是一个灵活的概念。它无处不在，又非处处可见。它蕴含于无形之中，又见于生活的点点滴滴之中，平时看不见，偶尔露峥嵘。人生的选择像是一种威力无边的幽灵，无论它进入到何种形态的躯体，都会给予强大的生命力。当我们在人生中遇到一次又一次的挫折和失败，陷入一次又一次的迷惘和困苦之时，我们心中所积聚的正是生命的爆发力。

只有做出正确的选择，才能实现人生理想，拥有幸福生活，获得事业成功。

目 录

|第一章|

人生很短,聪明选择

人生是一部选择的历史 / 3

做出正确的选择 / 9

人生的起点在于选择 / 14

选择正确的生活态度 / 22

选择正确的人生追求 / 26

选择的力量 / 31

选择做人生的主角 / 42

选择自己的命运 / 48

|第二章|

学会选择，懂得放弃

放弃是为了更好地选择 / 57

放弃要有原则 / 61

懂得放弃，人生会更美好 / 64

不要追求不属于自己的 / 68

不该放弃的要坚持 / 71

学会选择，懂得放弃 / 79

目　录

|第三章|

学会选择，懂得取舍

舍得的真谛 / 85

生活总是在取舍中选择 / 90

懂得适时舍弃 / 96

有舍才有得 / 102

患得患失的悲哀 / 105

取舍之间，进退自如 / 113

|第四章|

选择的智慧

选择的智慧 / 121

掌握选择的主动权 / 125

选择正确的道路 / 131

选择明确的目标 / 136

选择正确的价值观 / 140

学习鹰的蜕变 / 143

时机需要选择 / 147

积累出自选择 / 151

目 录

|第五章|

选择快乐

快乐是一种感觉 / 159

量需而行，量力而行 / 163

选择快乐的态度 / 168

谁最快乐 / 173

付出是一种快乐 / 177

选择好心情 / 180

快乐的智慧 / 184

让快乐成为一种习惯 / 188

|第六章|

选择正确的感情

感情的选择 / 195

为何抓不住爱情 / 197

爱是艺术 / 200

不懂幽默,芳心难求 / 202

爱在细节中失去 / 205

不要自作聪明 / 208

爱你在心就开口 / 210

多说甜言蜜语 / 213

求爱有方法 / 217

人生的意义 / 223

珍爱生命 / 227

第一章

人生很短，聪明选择

第一章　人生很短，聪明选择

人生是一部选择的历史

　　人生是一部选择的历史。从我们来到这个世界，就在不停地进行着各种各样的选择。在选择中我们做出取舍，在放弃中我们走向成熟。在你呱呱坠地时，你就选择了声音，放弃了沉默。当你第一次背上书包，跨进学校的大门，你就选择了知识，抛弃了愚昧的束缚。当你继续升学，你就选择了继续深造，就放弃立即就业的想法。当你与一见钟情的他（她）相遇后，更是反复经受着选择的折磨。

　　选择决定了我们人生的方方面面，有的人成功，而有的人不成功，这是他们的选择所决定的，我们应该在生活的熔炉中

把自己百炼成钢，以选择的光芒撕破消极人生的黑暗，向着光明的顶点前进吧！

人无信则不立，这是千百年来永恒不变的做人之根本。古今中外的人无一不把守信看作是一名君子必备的品质。为了实现许下的诺言，他们可以不惜一切代价，这就是人格魅力的展现。做人，无论在怎样的情况下，都应该选择真诚，不应虚伪，这是每个人都明白的道理。

这是一则在哈佛教育学院无人不知的故事：

1998年11月9日，美国犹他州土尔市的一位小学校长——42岁的路克，在雪地里爬行1.6公里，历时3个小时去上班，受到过路人和全校师生的热烈欢迎。原来，这学期初，为激励全校师生的读书热情，路克曾公开打赌：如果你们在11月9日前读书15万页，我在9日那天爬行上班。

全校师生猛劲读书，连校办幼稚园大一点的孩子也参加了这一活动，终于在11月9日前读完了15万页书。有的学生打电话给校长："你爬不爬？说话算不算数？"也有人劝他："你已达到激励学生读书的目的，不要爬了。"可路克坚定地说："一诺千金，我一定爬着上班。"与每天一样，路克于早晨7点

第一章 人生很短，聪明选择

离开家门，所不同的是他没有驾车，而是四肢着地爬行上班。为了安全和不影响交通，他不在公路上爬，而是在路边的草地上爬。过往汽车向他鸣笛致敬，有的学生索性和校长一起爬，新闻单位也前来采访。

经过三小时的爬行，路克磨破了五副手套，护膝也磨破了。但他终于到了学校，全校师生夹道欢迎自己心爱的校长。当路克从地上站起来时，孩子们蜂拥而上，抱他，吻他……

我们生活中却有很多不尽如人意的事。人生毕竟不是一场演出，不能仅用戴着面具的表演来搪塞。在人与人交往时，应该以真面目示人，否则只能伤人又伤己，因此，虚伪者应该注意自我调适，通常可以采用以下方法进行：

第一，遇事时和朋友换位思考，推己及人，仁爱待人，就可能得出不同的结论，改变已有的不正确想法，这样就会多一分理解，少一分对立，关键靠自己的一分诚心，要让别人看到你的诚意。

第二，鼓励自己表达出真实的想法，如果自己的想法比较尖锐或者容易伤害别人，不妨用委婉的方式说出，如果不想说出来也不要勉强自己，可以保持沉默，但尽量不要欺骗他人，

更不要为了取悦他人说出虚假的赞美之词。

第三,建立成熟的自我观,拥有属于自己的对于世界和周围人的看法,不被他人的意见左右,也不去重复他人的价值观。做人做事参照自己的标准,不勉强屈己服人。

我们只有不断地清理自己的心灵,让自己的内心深处多一些真诚,少一些虚伪,才能成为一个真正大度的人。

池塘,因不敢穿透围堤渐渐腐臭了自己;早春的花,因不敢首先开放,而枯萎了心房;戴罩的灯火,也只能把眼前的一寸照亮。你是否也曾唱着"走过岁月,才发现世界并不完美,成功与失败总有一些错觉"的黯然神伤,到头来,才发现那些错觉源于因怕前行带来的惶恐而安于现状。你可知道古代的女子裹出了畸形美的"三寸金莲"的同时,也裹住了前行的脚步,循规蹈矩,也意味着给自己一个标尺来规划自己,结果,只有望着前行者的背影感慨。中国现代著名国画大师李可染曾说:"踩着前人的脚印前进,最佳结果也只能是亚军。"保守的人,是一种萎缩的生命,他们也只能跟在别人的身后,唯唯诺诺,没有突破。

在过去,保守或许和怯懦者追求的安稳联系在一起,也曾被人们吹捧为安全的象征,但在当今的世界,把保守主义当作

信仰的人，跟着别人走路，他们是很难做出不凡的成绩的。美国《未来学家》杂志上有这样一句话，"竞争优势的秘密是创新，这在现在比历史上的任何时候都更加突出。创造力对于创新是非常必要的，公司文化应该提倡创造力，然后将其转变成创新，而这种创新将导致竞争的成功。"这是被现代市场经济体认可的一条真理，保守主义已经成了削弱创新的阻力，现在社会需要的是那些敢于解放自己，不把保守当信仰的人。

人类的每一次进步，都是对先前保守的舍弃，哥白尼舍弃了统治古希腊很久的"地心说"，才在《天体运行论》中阐明了日心说；布鲁诺接受并发展了哥白尼的日心说，通过望远镜观察天梯发现太阳系只是无限宇宙中的一个天梯系统，为行星三大运动定律的提出打下了基础。而后牛顿舍弃了认为苹果落地不足为奇的保守思想，提出了万有引力。爱因斯坦舍弃了保守，大胆突破，提出了光量子理论，奠定了量子力学的基础；随后又否定了牛顿的绝对时间和空间的定论，创立了震惊世界的相对论。因此可以这样说：真理是不断地打破保守主义的过程。

历史前进中的风云变化，细想起来，也是保守主义被逐渐淘汰的过程。著名学者袁行霈在做"中华文明史能给21世纪的人类什么启示"的报告里说，中华文明在四大文明古国中不是

最早的，但却是唯一没有中断过的。他认为其中的原因很多，但不断变革是其中之一。

  人生亦是如此。如果你也想"路漫漫其修远兮，吾将上下而求索"，而不想"驿外断桥边，寂寞开无主"；如果你不想像烈日下饥渴的鳄鱼，忍受着饥渴还固执地守着那干涸的池塘；如果你也渴望"长风破浪会有时，直挂云帆济沧海"，那么就请你抛弃保守主义的信仰吧，看过繁华，才能领略春的妩媚；置身郁葱才能感知夏天的清凉；走进金色的稻田，才能饱览收获的香味；忍受了冬的寒冷，才能感知春天的温暖！抛弃保守主义的信仰，你才能尝到突破自己的喜悦。你的人生，不多不少，也许就差这一步，就是艳阳高照。

第一章　人生很短，聪明选择

做出正确的选择

不论什么样的选择，都必须经过自己的深思熟虑。选择的正确与否决定着我们做事的成败，所以，如何有效、正确地选择是一件很重要的事，因为有时候方向比努力更重要。我们在做事的过程中不能忽略努力，但努力是在选择之后，只有做出正确的选择，才能去努力。

有人把一个人的成长比作在人生的大熔炉中冶炼的钢，这个比喻绝对形象，而且合适。在一个人的一生中，青少年时期天性纯真，如果受到良好的教育和熏陶，就有可能成长为一个素质很高的人，这种人对人生的追求执着而坚定；而进入青

年以后，人生的热情和冲劲，很大、很高，此时如果能得到较好的锻炼，有可能成为一个精力旺盛的人，这种人对事业和他人充满热情，有较强的事业心；进入中年以后，热情退居次要地位，理性开始发挥重要作用，如果能够得到较好的积累和总结，有可能成为一个理智冷静的人，这种人对于困难和打击有较强的承受能力，有较强的意志；进入老年之后，经验起到重要作用，容易成为一个德高望重、备受别人尊敬的人。无论哪个时期，我们都有可能获得成功，只要我们达到了这个时期人生所要求我们达到的力度和厚度。

选择源于你的目的，人要是没有目的就像找不到北斗星一样；有了目的就要孜孜不倦地去努力。在面对各种各样的抉择时，应根据需要来取舍，对和自己的目标没有关联的事，就应该果断地拒绝，比如你会不会因为没有得到更好的待遇而离开一个能展现你才能的舞台？其实，放弃金钱和名利才能发挥你最大的优势，放弃只是暂时的。你会不会因为和同事之间有矛盾就拒绝和他一起合作？即使真理站在你这一方，也要放下自己的脾气架子，愉快地同他合作。

一个人只有明确了自己的方向，才不会迷失在众多的选择里，而是一眼就能在纷繁复杂的选择中找到最适合自己的。就

第一章　人生很短，聪明选择

像买衣服一样，适合自己的才是最好的，有些人追求时尚和流行，却全然不顾自己是否适合那些流行元素，结果适得其反。我们在面对选择时，也要避免这样的事情发生，有时，看起来非常好的选择或许只适合别人，并不适合你。

《伊索寓言》中有一则关于乡下老鼠和城市老鼠的故事：

城市老鼠和乡下老鼠是好朋友。有一天，乡下老鼠写了一封信给城市老鼠，信上说："鼠兄，有空请到我家来玩。在这里，可享受乡间的美景和新鲜的空气，过着悠闲的生活，不知意下如何？"

城市老鼠接到信后，高兴得不得了，立刻动身前往乡下。到那里后，乡下老鼠拿出很多大麦和小麦，放在城市老鼠面前。城市老鼠不屑地说："你怎么能够长期过这种清贫的生活呢？住在这里，除了不缺食物，什么也没有，多么乏味呀！还是到我家玩吧，我会好好招待你。"

于是乡下老鼠就跟着城市老鼠进了城。乡下老鼠非常羡慕城市里豪华、干净的房子。想到自己在乡下从早到晚都在农田上奔跑，以大麦和小麦为食物，冬天还得在那寒冷的雪地上搜集粮食，夏天更是累得满身大汗，和城市老鼠比起来，自己实

在太不幸了。聊了一会儿，它们就爬到餐桌上开始享受美味的食物。突然，"砰"的一声，门开了，有人走了进来。它们吓了一跳，飞似的躲进墙角的洞里。乡下老鼠吓得忘了饥饿，想了一会儿，戴起帽子，对城市老鼠说："乡下平静的生活，还是比较适合我。这里虽然有豪华的房子和美味的食物，但每天都紧张兮兮的，还不如回乡下吃麦子快活。"

抽象派画家毕加索说过："准确地选择，你的才华就会得到更好的发挥。"

人生的选择就是这样，不管做出的是怎样的选择，终归都不会是尽善尽美的，也许缺憾本身就是一种美丽。既然做了选择就不该后悔，只要是适合自己的就是最好的。选择必须由自己决定，可供选择的机会越多，选择的难度就越大。面对人生的重大转折既要勇于积极争取，同时也必须给自己留条退路，赢了固然可喜，输了也未必可悲。

翻开历史，你就会发现，那些成功的人之所以取得了辉煌的成就，就在于他们十分准确地选择了人生奋斗的方向，使自己的才华得到了极大的展示，从而实现了自己的人生追求和梦想。人生有各种各样的舞台，但最能展露你才华的舞台却只有一个。

第一章 人生很短，聪明选择

从前，有两个饥饿的人在行走，碰到一位长者，长者送给他们一根渔竿和一篓鲜活硕大的鱼。一个人要了一篓鱼，另一个人要了一根渔竿，于是他们分道扬镳了。得到鱼的人在原地用干柴搭起篝火煮起了鱼，他狼吞虎咽，还没有品出鲜鱼的肉香，转瞬间，连鱼带汤都被他吃了个精光。之后，他就再也找不到食物，饿死在空空的鱼篓旁。另一个人则忍受着饥饿提着渔竿继续一步一步艰难地向海边走去，可当他看到不远处那片蔚蓝色的海洋时，他最后的一点儿力气也使完了，他也只能看着不远处的海洋渐渐倒下，再也起不来了。

同样两个饥饿的人，他们也得到了长者恩赐的一根渔竿和一篓鱼。但是他们并没有各奔东西，而是决定共同去找寻大海，他俩每次只煮一条鱼，虽然不能吃饱，但总算是补充了一些能量以便能够继续前行。经过漫长的跋涉，终于来到了海边，这时，他们还有足够的力气支撑自己。于是，他们留在海边以捕鱼为生，过上了幸福的生活。

人生的起点在于选择

　　人生起点的选择,对于一生有着重要作用。如果一开始起跑就选择的准确总比几经周折年近迟暮还在徘徊要好得多,不少人年轻时就功成名就,不能不说与他们的人生起跑点的选择准确有关。

　　有的人说"选择目标,实际上是自己设计自己的过程"。自己设计自己,首先要考虑社会的需要,时代的需要,还要考虑自己的所长和爱好。持这种主张的人认为,选择人生目标就是自己设计自己。我们并不完全同意这种主张,因为选择人生目标仅仅是人生设计的一项内容,而不是人生设计的全部内

第一章 人生很短，聪明选择

容。该如何确定自己的人生目标，人生的起跑点呢？

现在可以说是个高速发展的时代，同时也是个充满苦痛的时代。尤其是都市里的噪音及紧张更令人难以忍受，如今这种疾病甚至已扩散到乡村。

有一个夏天的下午，桑尼夫人与她的朋友到森林游玩，到达之后，就暂时在优美的墨享客湖山上的小房子中休息。这里位于海拔2500米的山腰上，是美国最美的自然公园。在公园的中央还有一宝石般的翠湖舒展于森林之中。墨享客湖就是"天空中的翠湖"之意，在几万年前地壳大变动时，形成了高高的断崖。她朋友的眼光穿过森林及雄壮的崖岬，轻移到丘陵之间的山石，刹那间光耀闪烁、千古不移的大峡谷猛然照亮了她的心灵，这些美丽的森林与沟溪就成为滚滚红尘的避难所。

那天下午，夏日混合着骤雨与阳光，乍晴乍雨，她和她的朋友全身湿淋淋的，衣服贴着身体，心里开始有些不快，但是她和她的朋友仍彼此交谈着。慢慢地，整个心灵被雨水洗净，冰冰凉凉的雨水轻吻着脸颊，霎时引起从未有过的新鲜快感，而亮丽的阳光也逐渐晒干了衣服，话语飞舞于树与树之间，谈着谈着，静默来到她和她的朋友之间。她们用心倾听着四方的

宁静。

　　当然，森林绝对不是安静的，在那里有千千万万的生物活动着，而大自然张开慈爱的双手孕育生命，但它的运作声却是如此的和谐平静，永远听不到刺耳的喧嚣。

　　在这个美丽的下午，大自然用慈母般的双手熨平她们心灵上的焦虑、紧张，一切都归于和平。当她们正陶醉于优美的大自然乐章之中时，一阵急速的乐曲突然刺激着耳膜，那是令人神经绷紧的爵士乐曲。

　　伴随着音乐，有三个年轻人从树丛中钻出，其中一位年轻男孩提着一架收音机。这些都市中长大的年轻人不经意地用噪音污染了森林，真是大煞风景！不过他们都是善良的青年，并在她和她的朋友身旁围坐着，快乐地交谈。

　　本想劝三个年轻人关掉那些垃圾音乐，静静聆听大自然的乐曲，但是一想并没有规劝他们的权利。最后还是任由他们，直到他们离去，消失在森林之中为止。试想，大自然的音乐多美！风儿轻唱着，小鸟甜美地鸣啼……这种从盘古开天地以来最古老的音乐绝非人类用吉他与狂吼能制造出来的旋律，而他

第一章　人生很短，聪明选择

们竟然舍本逐末，白白浪费大好的自然资源，委实令人惋惜。

当我们不由自主地走近大自然，被清爽的风吹着，嗅着花草的香气，心情就会渐渐地开朗。欣赏大自然带给我们的壮观美景，感谢大自然赐予我们的宽广胸襟，一切苦闷和阴影都会散去，心情会更加舒畅。绿色的安慰大自然传达诗意的感觉。凝视自然地形、色彩变化、地质构造、自然的香味和声音，我们可以获得和大自然融合为一的感觉。让眼睛看向远方的地平线，我们就能放松生活压力的焦点。

适度地离开熙熙攘攘的尘嚣世界，接近大自然，享受大自然带给我们的乐趣，也是品味生活的良好方式。

一对年轻美国夫妇在繁华的纽约市中心居住。时间一长，觉得生活就像部运转的机器，虽然总是在忙忙碌碌地转着，但太千篇一律了，即使是那些花样繁多的休闲娱乐项目，也像是麦当劳、肯德基等那些快餐一样，只能满足一时的胃口，过后很少会有余香留下。于是他们决定去乡下放松放松，他们开车南行，到了一处幽静的丘陵地带，看见小山旁有个木屋，木屋前坐了一个当地居民。那个年轻的丈夫就问乡下人："你住在这样人烟稀少的地方，不觉得孤单吗？"

那乡下人说:"孤单?不!绝不孤单!我凝望那边的青山时,青山给我一股力量。我凝望山谷,每一片叶子包藏着生命的秘密。我望着蓝色的天,看见云彩变幻成壮丽的城堡。我听到溪水潺潺,好像向我细诉心灵。我的狗把头靠在我的膝上,从它的眼中我看到忠诚和信任。这时我看见孩子们回家了,衣服很脏,头发蓬乱,可是嘴唇上却挂着微笑,叫我'爸'。我觉得有两只手放在我肩上,那是我太太的手,碰到悲愁和困难的时候,这两只手总是支持着我。所以我知道上帝总是仁慈的,你说孤单?不!绝不孤单!"这绝对是一种最佳的回答。

能怀着感恩的心态去品味一切,并和周遭的事物融为一体,喜悦和幸福的感觉便会在内心滋长。下次当你凝视天际时,想象你眼睛的肌肉已释放所有的紧张,想想如此一来对你有多好。如同风景画中的人物,我们得以用更宽广的角度看自己,并调整我们看事情的角度。在古典浪漫时期,面对大自然的渺小感几乎是令人害怕的,今天我们对于飞流直下的瀑布或高耸的悬崖峭壁依然感到敬畏。即使在一个温和平静的风景中,我们看自己的方式不同了,我们的问题似乎显得比较简单,或觉得昨天的事不过是幻象罢了。奇妙之事继续发生:我

第一章　人生很短，聪明选择

们花越多时间在大自然美景中，就有越多的焦虑消失掉。

自然宁静的效果部分和绿荫有关，心理作用上和休息联想在一起。如果你有一个小小的庭院，试着在院中种满不同叶形、不同颜色的植物。当然，花匠可以提供很好的服务，但是你可能宁愿自己修剪树叶，或自己动手采集果实和种子，做园艺什么的。你可能放着花园某个角落不整理，作为鸟儿和昆虫的天堂。认识你种植的植物或花的名称，去认识它们个别的个性，同时学习它们的学名和俗名，并大声念出那些奇怪的章节，想象它们像种子一样躺在你心灵中的花园。这样你的心灵会变得诗意、浪漫起来。

大自然具有无穷无尽的美，大自然也是人类的知心朋友，在你心灵空虚时，只要你走进自然，感受它优美的风景，你的心很快就会愉快起来，并获得无限的美的享受。在行走中顿悟走的意义，全在于不停地感知和丰盈。在行走中顿悟，包含了一个追求真我的妙趣。

一辆公交车行驶在路上，车到中途抛锚了，乘客们只好纷纷下来步行。他们有的怨声载道，有的骂声迭迭，唯有一位鹤发童颜的老人心平气和，风度优雅，好一番明媚的心情！别的乘客低着头匆匆地赶往目的地，哪怕是青年人也毫无生气和活

力。而老人倒是相反，信步而行，态度悠闲，意趣盎然，偶尔抬头看看蓝天白云，竟有一番仙风道骨。老人的"另类"行为感染了烦躁的人群。

为什么其他人行色匆匆，老人却气定神闲？生活中，我们习惯了拖着长长尾气的汽车、预先设置好轨道的火车，抑或是飞机，抑或是轮船，最差也是那充满杂技风情的自行车，但我们却忘记了行走。我们习惯于车马，却在失去依赖之时陷入了迷惘，我们不知道怎样结束现在的迷惘，找到来时的路。因为我们维持着习惯，就像戴着沉重的枷锁，时间长了，竟不觉得它是重的，反而还很惬意。其实，生命的节奏就像河流的奔涌，有急有缓，既有"星垂平野阔，月涌大江流"的舒缓从容，又有"乱石穿空，惊涛拍岸，卷起千堆雪"的激烈紧迫。一张一弛，生活之道也。哪能一味地急迫，一味地悠游？一味地急迫，生命就显得狭窄了；一味地悠游，生命就显得虚无。只有急缓相当，张弛有度，方为人生大境界。

当我们低头匆匆而行的时候，我们不但在心底种下了怨懑的种子，还忽略了沿途风光秀美的景色。春花的蓬勃灿烂，夏雨的专注猛烈，秋月的寂寥淡远，冬雪的晶莹无瑕，小溪的吟唱，蟋蟀的弹奏，鸟儿的放歌……一切都与我们擦肩而过，失

第一章　人生很短，聪明选择

之交臂。那么，我们生活的目的还有什么？当我们静下心来，放慢脚步，竟会发现周围的景色原来这么美。这就是我们天天经过，熟悉得不能再熟悉的路途吗？几年如一日，怎么竟未发现过？我们的心里涌起莫大的悲哀，于是开始细细地欣赏，美美地体味起来。也许我们放弃了舟马，但收获了滋润的心灵；疲惫了身体，却点燃了追寻的激情。我们背负着五彩的梦想，出发在不知终点的行程。也许我们不需要绿茶红茶的亲近，只需在大漠深处绝望边缘来一口甘泉。我们是满足的，心里有无穷无尽的快意，向映着夕阳的晚空大吼一声，让天上的飞鹰也感受到我们的快乐。

行走着，装一颗探求的心灵，携一份悠闲淡泊的神思，看一看人间的百态，品一品世间的甜苦，听一听鸟鸣虫嘶，嗅一嗅芳草鲜花，不做高深的评论，只需用心去感触，去领悟，你就会发现五彩缤纷的人生。

选择正确的生活态度

钱钟书在《围城》一书中讲过一个十分有趣的故事：天下有两种人。一串葡萄到手后，一种人挑最好的先吃；另一种人把最好的留在最后吃。但两种人都感到不快乐。先吃最好的葡萄的人认为他的葡萄越来越差。第二种人认为他每吃一颗都是吃下留下的葡萄中最坏的。

原因在于，第一种人只有回忆，他常用以前的东西来衡量现在，所以不快乐；第二种人刚好与之相反，同样不快乐。

为什么不这样想，他已经吃到了最好的葡萄，有什么好后悔的；我留下的葡萄和以前相比，都是最棒的，为什么要不开

第一章　人生很短，聪明选择

心呢？

这其实就是生活态度的问题，它说明了一个人有什么样的选择，他就会有什么样的处世态度。如果一个人不能选择正确的生活态度，那么他一辈子也不会得到幸福和快乐。如果把自己的心浸泡在后悔和遗憾中，痛苦必然会占据你的整个心灵。

一位精神病医生有多年的临床经验，在他退休后，撰写了一本医治心理疾病的专著。这本书足足有1000多页，书中有各种病情描述和药物、情绪治疗办法。

有一次，他受邀到一所大学讲学，在课堂上，他拿出了这本厚厚的著作说："这本书有1000多页，里面有治疗方法3000多种，药物10000多样，但所有的内容，只有四个字。"

说完，他在黑板上写下了"如果，下次"。

医生说，精神消耗和折磨自己的常常是"如果"这两个字，"如果我考进了大学""如果我当年不放弃他""如果我当年能换一项工作"……

医治方法有数千种，但最终的办法只有一种，就是把"如果"改成"下次""下次我有机会再去进修""下次我不会放弃我所爱的人"……

看到这里,我们意识到了一点,在我们选择人生道路的过程中,人类在不断地为自己创造一种充满安逸享受的机械性的生活;与此同时,人类也把自己的精神生活搞得越来越复杂。本来是不需要这样的,他们完全可以有一个很好的选择,过上幸福的生活,像个真正的人一样生活。

人不能再责备他自身之外的任何东西。人必须把责任归咎于自己。人做了他所做的一切是因为……他选择了这样做。也许我们并不愿意承认这一点,但这却是真的。人类长年累月地从早到晚地工作,有时甚至一天工作十几个小时,没有或者很少有闲暇的时候。现代发展所带来的后果之一,就是使人类有了更多的可供自己支配的时间。于是,人类现在开始真正洞悉了生活的艺术。

这就是说,人必须意识到生活中最重要的东西是生命。因此,我们首先要对自己所拥有的生命负责。如果我们对生命给予仔细的照顾,生活就会变成我们所向往的那样。如果我们忽视了自己的生命,生活就会以一种我们不喜欢的样子出现。

既然我们来到这个世界上只有一次,那我们就应该选择生活得自信一些,而不要过于委屈自己;我们应该选择生活得平静一些,而不要总是躁动不安;我们应该选择拥有静谧而不是

第一章　人生很短，聪明选择

混乱；我们应该选择尽量利用生活，为我们自己，也为我们周围的每一个人，而不把自己和他人的生命糟蹋掉。我们有选择的力量，让我们尽其所能去利用它。当我们运用自己的大脑去选择最佳方式的时候，我们会发现万能的精神会来帮助我们，它会帮我们找到最佳的方式。有了它的帮助，我们不会失败。我们一定会成功。

选择正确的人生追求

人只要在追求,他就在选择。人生有无限多个解。人生是不能被理性穷尽的一个无理数。每个人因为站在不同角度去看它、体验它,所以从中得出有关人生的定义,也各有殊异。但有一点是共同的——人生即是选择。

在重大抉择面前,有时紧靠一个人的能力实在是力不从心。此时,如果能够综合多人的想法,权衡利弊之后再做决定,所能达到的效果必然会更好。比如我们根据自己的爱好选择发展方向时,别人的意见或建议,会对我们产生很大的帮助作用。

有些人会觉得父母与自己有很深的代沟，所以他们宁愿听取同龄人的意见。殊不知，父母才是最了解你的人，他们会以自己的阅历和对你的爱，为你提供最无私的帮助。所以，在你有重要的事需要与人商量时，千万不要跳过父母直接去寻找其他人。

在与别人商量的过程中，你会得到很多意想不到的收获。即使你最终没有依照别人的意见做出选择，你的选择也必定是经过反复权衡后的，是相对理性的。也许在交流的过程中，你的心里已经有了决定，但此刻你不必急于将自己的决定宣布出来。

如果你的决定和别人的意见一致，那么你这么快就做出决定，一定会让人觉得你没有主见。如果你的决定和别人的意见相反，那么别人一定会觉得你根本没有参考他的意见，可能对你心怀不满。

一位作者曾写过这样一篇文章：

记得小时候，农村水果十分稀缺，经常和生产队里年龄相仿的小朋友，三个一群，五个一伙地爬树摘野山栗、紫桑葚之类，以解馋。而每次爬树的时候，都会出现相似的情况：开始大家都从一棵大树底下往上爬，可越往上爬，树的分叉越多，个人为了多采点果实，便选择了不同树枝。结果起点完全相同

的小朋友们，各自爬到了不同的方向和高度上，有的站在又高又稳的主干枝头上，有的蹲伏在摇摆不定的侧枝上，还有的停留在树杈间……

下来的时候，有的满载而归，有的有一点儿收获，还有的空手而回。现在想来，小时候的爬树与人生的历程又是何其相似？生活中，我们经常不知不觉地走到"十"字路口，甚至"米"字路口上，让你去选择，而正是这一次次的选择决定了我们今天的社会位置和人生状况。

说到此处，我想到一个人，这个人就是项羽。

项羽名籍，下相人，出身于楚国的贵族。公元前209年，与叔父项梁杀死秦会稽郡，响应起义，得精兵八千，渡江北上作战。后项梁战死，秦军因困围巨鹿，宋义、项羽率军救援。

公元前207年，项羽杀死畏敌不勇的主将宋义，破釜沉舟，渡过漳水，经过激战，终于大破秦军。项羽被推为诸侯上将军，从此，项羽成为反秦斗争中叱咤风云的英雄和领袖。

项羽坑杀降卒20万人，消灭了秦军主力。攻入咸阳后，处死秦王子婴，焚烧宫室，分割关下，自立为西楚霸王，定都彭城。项羽的分封引起了一些握有重兵的将领的不满，其中以汉

第一章 人生很短，聪明选择

王刘邦为主。项羽与诸王的相争，主要是楚汉相争。

楚汉战争初期，项羽屡次打败刘邦，还曾俘虏刘邦的父亲和妻子。项羽虽然神勇无比，但有勇无谋，缺乏远见，刚愎自用，不听良言，以致使许多有才能的人如陈平、韩信等人受刘邦重用，尤其是韩信，率兵攻城略地，占领了项羽的后方。项羽在战争中逐渐处于劣势。

公元前203年，项羽与刘邦相持不下，双方以鸿沟为界，项羽引兵东归，刘邦却乘势发动进攻。第二年，刘邦会同各军，包围项羽，项羽连战失利，退至垓下，遭受十面埋伏，在四面楚歌中逃出重围，最后单枪匹马到达乌江。有人划船接他过江，项羽想到当年率8000江东子弟渡江起义，如今仅剩他一人，自感无颜以见江东父老，于是拒绝过江，自刎而死。

楚霸王项羽"力拔山兮气盖世"，可是，到了最后还是落得了个自杀身亡的结果。这说明了什么？说明了项羽在选择人生时没有看到未来，人们不是常说"胜败乃兵家常事"，如果项羽能够忍耐下来，经过自己的痛定思痛，说不定还可以东山再起。

人必须意识到生活中最重要的东西是生命。因此，我们首

先要对自己所拥有的生命负责。如果我们对生命给予仔细的照顾，生活就会变成我们所向往的那样。如果我们忽视了自己的生命，生活就会以一种我们不喜欢的样子出现。在有了生命以后，怎样按照自己认为合适的方式去面对生活就是人类自己的事了。

第一章　人生很短，聪明选择

选择的力量

在人生的旅途上，你必须做出这样的抉择：你是任凭别人摆布，还是坚定自强？是总要别人推着你走，还是驾驭自己的命运，控制自己的情感？不少人的生活就像秋风卷起的落叶，漫无目的地飘荡，最后停在某处，干枯、腐烂。为了促进个人的成长，达到个人的幸福，你必须学会驾驭生活。

例如，在现实生活中，你就必须选择自己的朋友。

选择共事的人是重要的。朋友的选择也是很重要的，特别是在你日后能取得什么样的成就和你将来会拥有什么样的选择机会这两方面，朋友的影响尤为重要。

对孩子的交友，父母总是很关心，甚至孩子感到这种关心是不是有点过分了。但是，你的父母现在懂得，你自己以后也会知道：我们相处密切的人对我们生活的影响比什么都大。

关于这一点，理由很多，但最重要的一条是我们总是以其他的人做榜样，并以他们的言行作为我们行动的指导，而亲密的朋友其榜样作用又是最强有力的。

因此，你要考察一下你的四周，你将来的生活方式与你朋友现在的生活方式很可能是相似的。原因之一是，你自觉、不自觉地模仿你朋友的生活方式。如果你的朋友太年轻，谈不上什么一定的生活方式，那么，就注意一下你朋友的父母吧，他们预示着你几年后的生活方式。这种预示当然也许不完全正确。但是，它是你现在可能效仿的生活方式中最有可能性的一种。

无论你在以后的几年中选择什么团体为伍，你的倾向、举止和观点将变得越来越像团体中的人（他们也变得越来越像你）。例如，一个艺术专业的学生搬进一间宿舍，这间宿舍住的是学别的专业的学生，譬如说学的是自然科学，而且他们在宿舍中占主导地位。这样，那个学艺术专业的学生就会倾向于自然科学，甚至改变原有的专业去学自然科学。假如他长期生活在这间宿舍里，他对自然科学的情感就会超过那些只跟本艺

术专业交往的人。久而久之，少数派变得像多数派了。这变化并不必然是普遍的、确定的，但一般的倾向是如此，并且你也会遇到。好些年后，你将变得越来越像你的大多数朋友了，而他们也变得更像你了。

你要相当谨慎地选择好你的朋友。因为这对你的行为有很大的影响，通过与那些你希望效仿的人密切接触，你会朝着自己满意的方向变化。

假如和你交往的是有问题的人，你可能会发现你自己也变成有问题的人了。你的朋友是一群失败者，假如他们总是违法乱纪，假如他们胖得不成样子，假如他们是穷光蛋，假如他们经常酗酒，大量吸烟，严重吸毒，假如他们在学校总是闹事，假如他们每天浪费时间看电视，假如他们试图粗鲁地解决他们的大部分问题，那么，你有可能滑到同样的坏习惯之中去。交这类朋友，你只会染上众多恶习，而不可能得到什么好处。

幸运的是，事情总有好的一面，假如你的朋友是有才能的人，假如他们学习成绩很好，假如他们体贴别人，假如他们身体很棒且体形健美，假如他们适可而止地饮酒、抽烟及吸毒，假如他们是幸福的，假如他们积极地参与诸如唱歌、跳舞、体操、美化环境、科学竞赛等活动，培养有益的爱好，或者工作

干得很不错，那么，你也很可能积极地参加这些活动。

尽管这些意见是针对学生而提出来的，但这些因素在你整个一生都发挥作用。不管你是17岁，还是37岁、67岁，朋友都会对你的生活有很大的影响，特别是对你人生态度和观点影响很大。

另外，你应该懂得交朋友。最会交朋友的人常常最不需要他的朋友帮助。假如你把战友当拐杖，假如你经常依靠别人，不能自立，假如你从友谊中获得的东西多于你给予友谊的，大家就不会欢迎你参加他们的圈子。令人遗憾的是，那些只是拼命从朋友中获得东西的人朋友最少，这正如其他领域中的事一样。

你必须自己选择服装，自己选择朋友，自己选择工作。

有的选择严峻地出现在何去何从、前途未卜的十字路口上，这是人生决定性的时刻。决定性的选择需要果断和勇气。这果断和勇气，有猜测和赌博的成分，但更多的是知识和智慧的判断。人人都会面临各种各样的危机，如信仰危机、事业危机、感情危机等。

在危急当中，正确的选择和变动，会使我们积累起一种新的力量，重新面对世界。

对于一个人来说，我们有什么样的选择，就会有什么样的人生。

第一章　人生很短，聪明选择

一位得知自己将不久于人世的老先生，在日记簿上记下了这样的文字：

如果我可以从头活一次，我要尝试更多的错误，我不会再事事追求完美。

我情愿多休息，随遇而安，处事糊涂一点儿，不对将要发生的事处心积虑地计算着。其实，人世间有什么事需要斤斤计较呢？"

可以的话，我会多去旅行，跋山涉水，再危险的地方也要去一去。以前不敢吃冰淇淋，是怕健康有问题，此刻我是多么的后悔。过去的日子，我实在活得太小心，每一分每一秒都不容有失，太过清醒明白，太过合情合理。

如果一切可以重新开始，我会什么也不准备就上街，甚至连纸巾也不带一块，我会放纵地享受每一分、每一秒。如果可以重来，我会赤足走出户外，甚至彻夜不眠，用这个身体好好地感觉世界的美丽与和谐。还有，我会去游乐场多玩几圈木马，多看几次日出，和公园里的小朋友玩耍。

只要人生可以从头开始，但我知道，不可能了。

美国诗人惠特曼说："人生的目的除了去享受人生外，还有什么呢？"林语堂说过："我总以为生活的目的即是生活的

真享受……是一种人生的自然态度。"

生活本是丰富多彩的,除了工作、学习、赚钱、名利,还有许许多多美好的东西值得我们去享受:可口的饭菜、温馨的家庭生活、蓝天白云、花红草绿、飞溅的瀑布、浩瀚的大海、雪山与草原等大自然的形形色色。此外还有诗歌、音乐、沉思、友情、谈天、读书、体育运动、喜庆的节日……甚至工作和学习本身也可以成为享受,如果我们不是太急功近利,不是单单为着一己利益,我们的辛苦劳作也会变成一种乐趣。

让我们把眼光从"图功名""治生产"上挪开,去关注一下我们生命、生活中的这些美好。努力地工作和学习,创造财富,发展经济,这当然是正经的事。享受生活,必须有一定的物质基础。只有衣食无忧,才能谈得上文化和艺术。饿着肚子,是无法去细细欣赏山清水秀的,更莫说是寻觅诗意。所以,人类要努力劳作,但劳作本身不是人生的目的,人生的目的是"生活得写意"。一方面勤奋工作,一方面使生活充满乐趣,这才是和谐的人生。我们说享受生活,不是说要去花天酒地,也不是要去过懒汉的生活,吃了睡,睡了吃。这不是享受生活,而是糟蹋生活。

享受生活,是要努力去丰富生活的内容,努力去提升生活

第一章 人生很短，聪明选择

的质量。愉快地工作，也愉快地休闲。散步、登山、滑雪、垂钓，或是坐在草地或海滩上晒太阳。在做这一切时，使杂务中断，使烦忧消散，使灵性回归，使亲伦重现。用乔治·吉辛的话说，是过一种"灵魂修养的生活"。我们会工作、会学习，但如果不会真正享受生活，这对于我们来说，是人生的一大遗憾。学会享受生活吧，真正去领会生活的诗意、生活的无穷乐趣，这样我们工作起来，学习起来才会感到更有意义。

每个人的身上，都有一种十分强大的力量潜藏于体内，如果你无法发现它，它就永远处于冬眠状态，使你在人生的路途中无法体现自身的创造力，更无法实现你的人生追求与梦想。虽然选择的权利在你的手中，但许许多多的人并没有使用这个权利。也许这就是成千上万的人，活得碌碌无为的最直接的原因。

拿破仑选择了当时法国革命最能展示才干的军事指挥，才使他由一个科西嘉小个子成为一代伟大的统帅。

比尔·盖茨因为选择了开辟个人电脑时代，才使这个仅上过一年哈佛的准大学生成为世界首富。

有一个故事讲的是，有三个人要被关进监狱三年，监狱长让他们对自己的监狱生活做出一个选择。

美国人爱抽雪茄，要了三箱雪茄。

法国人最浪漫，要一个美丽的女子相伴。

而犹太人说，他要一部与外界沟通的电话。

三年过后，第一个冲出来的是美国人，嘴里鼻孔里塞满了雪茄，大喊道："给我火，给我火！"

原来，他忘要火了。

接着出来的是法国人。只见他怀里抱着一个小孩，美丽女子手里牵着一个小孩，肚子里还怀着第三个。

最后出来的是犹太人，他紧紧握住监狱长的手说："这三年来我每天与外界联系，我的生意不但没有停顿，反而增长了200%，为了表示感谢，我送你一辆劳斯莱斯！"

这个故事告诉我们，什么样的选择决定什么样的人生。今天的生活是由三年前我们的选择决定的，而今天我们的抉择将决定我们三年后的生活。我们要选择接触最新的信息，了解最新的趋势，从而更好地创造自己的将来。

巴斯特纳说得好："人乃为活而生，非为生而生。"这就是告诫我们，在人生的道路上，我们要明白，在我们走向人生目标的每一步中，我们都在做出一连串的选择。诚如毕亨利所说的："上帝并没有问我们要不要来到人世间，我们只能接

第一章　人生很短，聪明选择

受而无从选择。我们唯一可做的选择：决定如何活着。"同样地，人生中发生的许多事，通常并不是成功与否的关键，重要的则在于我们选择怎么看，选择怎么想，选择怎么做才是最重要的。我有一位非常睿智的朋友，在他的生活履历中总是在实践着这样的话："我只有选择快乐，我才能看到别人的快乐，如果我都不快乐，他人能从我身上感到快乐吗？"在他看来，有什么东西阻止他选择为他的追随者们树立一个生活幸福的榜样吗？没有，除了他自己的选择。

　　人们常常会找一堆借口来解释自己为何放弃选择的权利，他们认为自己这样做通常是因为自己的家庭出身，教育背景决定了自己的人生方向。事实上，他们这样想就大错特错了。不说现代，就说在老子时代吧，老子就曾教我们重视做人的权利，他强调："道大，天大，地大，人亦大，域中有四大，而人居其一焉。"

　　可以这么认为，万物之灵的"灵"及天赋人权的"权"，都是指人类有别于其他生物的这种可以自由选择的莫大潜能。

　　由此可见，我们并不是依靠任何机遇活着，而是依靠我们的选择来活着，我们有什么样的选择，就会有什么样的生活。这正如潜能大师安东尼·罗宾所说："人生就注定于你做决定

的那一刻。"

几年前,有一位从农村来的女孩,她是一个非常朴实无华的女孩,她对工作兢兢业业,认认真真,尽职尽责。但是,在工作之余,她并没有像有些时尚女性一样,整天去追求一些虚荣的东西,而是选择了学习。

有一次,当我与她交谈时,她对我说:"自己的道路必须自己来走,我可以选择一条安稳的工作之路,但我认为这样的人生我不需要,我选择的是学习,因为我想上大学。尽管就目前情况来说,我还没有这些资格,但是,我相信,通过我的努力,我一定能够实现。"

后来,这位女孩离开了我的公司,两年后,我到北京出差,她突然给我打了个电话,在电话里她告诉我,她通过自学考试,拿到专科文凭,然后又进行了专升本考试,现在已经是某名牌大学的学生了。

人为什么会成功呢?正是他们做出了一个正确的选择,从而赢得了自己的人生。从某种意义上也可以这么说,这个人选择了相信没有任何东西会因为其美好而不能长久。美好的事情可以发生,就像糟糕的事情可以发生一样容易。我们必须运用

第一章　人生很短，聪明选择

这种力量进行正确的选择，否则，它会使生活与我们的愿望背道而驰。

这就是选择的力量。如果我们具备了一个连生命都不顾的地步，还有什么可怕的呢？尤其是我们面对现在这个高度发展的社会，我们已经看到，它不断向前发展，开始逐渐掌握改造自然的力量，通过人工的改造，生活将变得更舒适、完美。

选择做人生的主角

人生苦难重重。

这是个伟大的真理，是世界上最伟大的真理之一。它的伟大，在于我们一旦想通了它，就能实现人生的超越。只要我们知道人生是艰难的——只要我们真正理解并接受这一点，那么我们就再也不会对人生的苦难耿耿于怀了。

然而，大部分人却不愿正视它。在他们看来，似乎人生本该既舒适又顺利。他们不是怨天尤人，就是抱怨自己生而不幸，他们总是哀叹无数麻烦、压力、困难与其为伴，他们认为自己是世界上最不幸的人，命运偏偏让他们自己、他们的家人、他们的部

第一章　人生很短，聪明选择

落、他们的社会阶级、他们的国家和民族乃至他们的人种吃苦受罪，而别的人却安然无恙，活得自由而又幸福——我熟悉类似的抱怨和诅咒，因为我也曾有过同样的感受。

在生命无尽的旅程当中，我们来到这个星球，选择做人，选择自己的性别、肤色、国籍，然后我们选择了各自的父母。

即使一切并不如意，但这些已经不可改变。能有好的父母，固然可以给我们作为模范；就算他们多有不是，那也是给我们提供了学习改善的机会。父母给予了我们生命才有了我们，我们要懂得感恩。至于父母的不是，我们认识到了，就不要重复它；如果再犯，便是自己错了，不是父母错了，因为他们已经以他们的错误示范给你看了，也就等于教育了你。

如果你想当一名美容师，就去一所美容学校。如果你想当一名机械师，就去一所机械学校。如果你想当律师，就去一所律师学校。你选择的父母身上正好具备了你想要学习和超越的东西。

当我们长大以后，我们总在指责我们的父母："这全都怪你们！"

人生是一连串的难题，面对它，你是哭哭啼啼，还是勇敢奋起？你是束手无策地哀叹，还是积极地想方设法解决问题，

并慷慨地将方法传给后人呢？

　　解决人生问题的首要方案，乃是自律，缺少了这一环，你不可能解决任何麻烦和困难。局部的自律只能解决局部的问题，完整的自律才能解决所有的问题。

　　生活中遇到问题，这本身就是一种痛苦，解决它们，就会带来新的痛苦。各种问题结队而来，使我们疲于奔命，不断经受沮丧、悲哀、难过、寂寞、内疚、懊丧、恼怒、恐惧、焦虑、痛苦和绝望的打击，从而不知道自由和舒适为何物。心灵之痛，通常和肉体之痛一样剧烈，甚至更加难以承受。正是由于人生的矛盾和冲突带来的痛苦如此强烈，我们才把它们称为问题；正是因为各种问题接踵而来，我们才觉得人生苦难重重，悲喜参半。

　　人生是一个面对问题并解决问题的过程。问题能启发我们的智慧，激发我们的勇气；问题是我们成功与失败的分水岭。为解决问题而付出努力，能使思想和心智不断成熟。学校为孩子们设计各种问题，促使他们动脑筋、想办法，恐怕也是基于这样的考虑。我们的心灵渴望成长，渴望迎接成功而不是遭受失败，所以它会释放出最大的潜力，尽可能将所有问题解决。面对问题和解决问题的痛苦，能让我们得到最好的学习。本杰

第一章　人生很短，聪明选择

明·富兰克林说："唯有痛苦才会带来教益。"面对问题，聪明者不因害怕痛苦而选择逃避，而是迎上前去，直至将其战胜为止。

遗憾的是，大多数人不是聪明者。在某种程度上，人人都害怕承受痛苦，遇到问题就慌不择路，望风而逃。有的人不断拖延时间，等待问题自行消失；有的人对问题视而不见，或尽量忘记它们的存在；有的人与麻醉药和毒品为伴，想把问题排除在意识之外，换得片刻解脱。我们总是规避问题，而不是与问题正面搏击；我们只想远离问题，却不想经受解决问题带来的痛苦。

规避问题和逃避痛苦的趋向，是人类心理疾病的根源。人人都有逃避问题的倾向，因此大多数人的心理健康都存在缺陷，真正的健康者寥寥无几。有的逃避问题者，宁可躲藏在头脑营造的虚幻世界里，甚至完全与现实脱节，这无异于作茧自缚。心理学大师荣格更是明确地指出："神经官能症，是人生痛苦常见的替代品。"

替代品带来的痛苦，甚至比逃避的痛苦更为强烈，神经官能症由此成了更棘手的问题。不少人为逃避新的问题和痛苦，不断以神经官能症为替代品，导致患上各种心理疾病。所幸也

有人能坦然面对神经官能症，及时寻求心理医生帮助，以正确的心态面对人生正常的痛苦。事实上，如果不顾一切地逃避问题和痛苦，就会由此失去以解决问题推动心灵成长的契机，导致心理疾病越来越严重，而长期的、慢性的心理疾病，就会使人的心灵停止生长。不及时治疗，心灵就会萎缩和退化，心智就永远难以成熟。

我们要让自己，也要让我们的孩子认识到，人生的问题和痛苦具有非凡的价值。勇于承担责任，敢于面对困难，才能够使心灵变得健康。自律，是解决人生问题的首要工具，也是消除人生痛苦的重要手段。通过自律，我们就知道在面对问题时，如何以坚毅、果敢的态度，从学习与成长中获得益处。我们教育自己和孩子自律，也是在教育我们双方如何忍受痛苦，获得成长。

自律究竟包括哪些技巧呢？如何通过自律，消除人生的痛苦呢？简单地说，所谓自律，是以积极而主动的态度，去解决人生痛苦的重要原则，主要包括四个方面：推迟满足感、承担责任、尊重事实、保持平衡。它们并不复杂，不过要想正确地运用它们，你需要细心体会，广泛实践。它们其实相当简单，即便是小孩，也能够最终掌握。不过有时候，即使贵为一国之

君，也会因忽略和漠视它们而遭到报复，自取灭亡。实践这些，关键在于你的态度，你要敢于面对痛苦而非逃避。对于时刻想着逃避痛苦的人，这些原则不会起到任何作用，他们也绝不会从自律中获益。接下来，我要对这几种原则深入阐述，然后再探讨它们背后的原动力——爱。

选择自己的命运

所谓人生的选择,是一个广义的概念,它包括一个人视野的广度、眼界的高度、意志的强度、热情的温度、信念的纯度、情感的厚度、办事的程度、思考的角度、平衡的量度等。

选择是把握自身命运最伟大的力量。在平淡的生活中,选择生存将给你活力的刺激;在专业市场中,选择生存将给你制造巨大的压力,是选择生存给你生活的勇气,是选择生存给你奋斗的信息,是选择生存让我们认识到了生存的本质以及生命的意义。一个人的选择从哪里来,它不是天生就有的,尽管天生的气质对性格会有影响,但选择是在岁月中逐渐积累和形成

的，正像岁月会对我们的人生留下磨痕一样，岁月也会对我们生存的选择产生某种影响。

谁掌握了选择的力量，谁就掌握了人生的命运。

人生的任何努力都会有结果，但不一定有预期的结果。

错误的选择往往使辛勤的努力付诸东流，甚至使人生招致灭顶之灾。

只有正确地选择了，所付出的努力才会有美好的结果。

或许你自己都没有意识到这点，只有当你面临困境的时候，你才会发现这种潜在的力量。

一群迁徙的野牛在行进途中，突遭数只凶猛猎豹的袭击。刚才还是悠然自得的牛群顿时像炸了窝的马蜂，惊恐着四处奔逃，躲避着猎豹，逃脱着死亡。一只只野牛在奔逃中被扑倒，没有搏斗，连挣扎也是那样有气无力，只是哀鸣了几声，就成了猎豹的食物。

突然，一只看似弱小的野牛，就在快被猎豹追上的刹那，突然转向，全身奋力后坐，努力将身体的重心后移，奔跑的四蹄成了四条铁杠，直直地斜撑在地上，身体周围腾起一股浓浓的尘土，如同爆响的炸弹掀起的浪。在这生与死的千钧一发之

际，这只小小的野牛停住了。

急停下来的小野牛，不但没有被猎豹吓倒，反而是愤怒地沉下头，接着又仰起头顶上那一双尖尖的硬硬的牛角，猛地向冲过来的猎豹。那只不可一世的猎豹，还没有看清眼前发生的一切，就被小野牛的尖角抵住了身体，扎进了肚子，被高高地捅起，抛向空中。

顿时，情况急转直下，奔逃的野牛们还在拼命地奔逃，而其他猎豹却惊呆了，先是顿立，继而扭头逃走了。

我们不知道为什么唯有那只小野牛不像它的父母兄弟姐妹以奔逃求生，而选择回首痛击，去战胜自己所面临的死亡。它的行为给了我们许许多多的启迪和联想。

生活中的困难多于幸福，人生中的磨难多于享乐。人不应在困难中倒下，而要努力在困难中挺起。因为当你重新做出选择的时候，你就会拥有一种连自己都不相信的力量，而这种力量会使你战胜困难，同时使你的人生像初升的太阳一样，突破云层，升起在蔚蓝的天空中。

很多时候，我们需要积聚起一种新的力量，重新面对世界。面临危机，你必须做出选择，这如同你不会游泳却被人推到河里

第一章　人生很短，聪明选择

一样，除了学会游上岸让自己不至于被淹死外别无生路。

有时候，选择使人痛苦，尤其是当被选择的诸对象对你具有同等吸引力的时候。

人生的悲哀，莫过于自己不会选择，或者不去选择。只有依靠自己的选择，才能掌握自己的命运；只有正确的选择，才有成功的人生。

任小萍女士说，在她的职业生涯中，每一步都是组织上安排的，自己并没有什么自主权。但在每一个岗位上，她也有自己的选择，那就是要比别人做得更好。

1968年在西瓜地里干活儿的她，被告知北京外国语学院录取了她，到了学校，她才知道她年纪最大，水平最差，第一堂课就因为回答不出问题而站了一堂课。然而等到毕业的时候，她已成为全年级最好的学生。大学毕业后她被分到英国大使馆做接线员。接线员是个不愿意干就很简单，愿意干就很麻烦的工作。任小萍把使馆里所有人的名字、电话、工作范围甚至他们家属的名字都背得滚瓜烂熟。有时候，有一些电话进来，不知道该找谁，她就多问几句，尽量帮助别人找到该找的人。逐渐地，使馆人员外出时，都不告诉自己的翻译了，而是打电话

给任小萍,说可能有谁会来电话,请转告什么话。任小萍成了一个留言台。不仅如此,使馆里有很多公事私事都委托她通知、转达、转告。这样,任小萍在使馆里成了很受欢迎的人。

有一天,英国大使来到电话间,靠在门口,笑眯眯地看着任小萍,说:"你知道吗?最近和我联络的人都恭喜我,说我有了一位英国姑娘做接线员!当他们知道接线生是中国姑娘时,都惊讶万分。"

英国大使亲自到电话间表扬接线员,这在大使馆是破天荒的事。结果没多久,她就因工作出色而被破格调去给英国某大报记者处做翻译。

该报的首席记者是个名气很大的老太太,得过战地勋章,被授过勋爵,本事大,脾气大,把前任翻译给赶跑了,刚开始也拒绝雇用任小萍,看不上她的资历,后来才勉强同意一试。一年后,老太太经常对别人说:"我的翻译比你的好上十倍。"不久,工作出色的任小萍就被破例调到美国驻华联络处,她干得又同样出色,获外交部嘉奖……

一个人在无法选择工作时,他永远有一样可以选择:是好好干,还是得过且过。在同一个工作岗位上,有的人勤恳敬

第一章　人生很短，聪明选择

业，付出得多，收获得也多。有的人整天想换好工作，而不做好眼前的事，结果一无所获。其实，这样的选择就决定了将来的被选择。

人生有各种各样的舞台，但最能展现你才华的舞台，却只有一个。只有准确地选择这个舞台，脚踏实地地干下去，你的才华才能得到更好地发挥，从而实现自己的人生梦想。

选择伴随着每个人的一生，并决定了每个人一生的成败和优劣。选择比性格更有力量，选择比努力更有力量，选择比才干更有力量，选择是人生最伟大的力量。

第二章

学会选择，懂得放弃

第二章　学会选择，懂得放弃

放弃是为了更好地选择

人生有得也有失，我们只能朝着一个方向前进，人生的苦恼，有时是因为不会放弃。这就是说，在我们的人生路上，尤其是面临人生重要关口时，我们要选择对的方向，只有方向对了，我们才能朝着一个方向前进，但是，在这个选择过程中，我们可能会面对一些难以取舍的问题，这时就要学会放弃，只有学会放弃，人生才会得到快乐。但是，放弃是有原则的，该放弃的放弃，不该放弃的终不能放弃。

放弃是为了更好地选择得到，在放弃中进行新一轮进取，你所得到的比失去的更可贵。

成立于1881年的日本钟表企业精工舍,是一家世界闻名的大企业。它生产的石英表、"精工·拉萨尔"金表远销世界各地,其手表的销售量长期位于世界第一的位置。它能取得这样的成功,全取决于其第三任总经理服部正次的放弃战略。

1945年,服部正次就任精工舍第三任总经理。当时的日本还处在战争破坏后的满目疮痍中。精工舍步子疲惫,征尘未洗。而这时,有"钟表王国"之称的瑞士,由于没有受到二战的破坏影响,其手表一下子占据了钟表行业的主要市场。精工舍面临着巨大的生存危机!服部正次并不为困难所吓倒,他沉着冷静,制订了"不着急,不停步"的战略,着重从质量上下手,开始了赶超钟表王国的步伐。

十多年过去了,服部正次带领的精工舍取得了长足的进展,但仍然无法与瑞士表分庭抗礼。20世纪60年代,瑞士年产各类钟表1亿只左右,行销世界150多个国家和地区,世界市场的占有额也达到了50%~80%之间。有"表中之王"美誉的劳力士和浪琴、欧米茄、天俊等瑞士名贵手表,依然是各国达官贵人、富商巨贾等人财富地位的象征。无论精工舍在质量上怎样

下功夫，都无法赶上瑞士表的质量标准！怎么办？是继续寻求质量上的突破，还是另走他径？服部正次思量着。他看到，要想在质量上超过有深厚制表传统的瑞士，那简直是不可能的。服部正次认为精工舍该换个活法了，他要带领精工舍另走新路。

经过慎重的思考，服部正次决定放弃在机械表制造上和瑞士表的较劲，转而在新产品的开发上做文章。

经过几年地努力，服部正次带领他的科研人员成功地研制出了一种新产品——石英电子表！与机械表相比，石英表的最大优势就是走时准确。表中之王的劳力士月误差在100秒左右，而石英表的误差却不超过15秒。1970年，石英电子表开始投放市场，立即引起了钟表界和整个世界的轰动。

到20世纪70年代后期，精工舍的手表销售量就跃居到了世界首位。在电子表市场牢牢站稳了脚跟后，1980年，精工舍收购了瑞士以制作高级钟表著称的"珍妮·拉萨尔"公司，转而向机械表王国发起了进攻。不久，以钻石、黄金为主要材料的高级"精工·拉萨尔"表开始投放市场，马上得到了消费者的

认可，成为人们心中高质量、高品质的象征！

　　现代社会似乎给我们描绘了一幅幅风和日丽、欣欣向荣的财富画卷，而一个个诗情画意、神乎其神的成功的故事，则更令我们激情冲动。于是，在众多的诱惑面前，太多的人忘却了理性的分析和选择，忘却了放弃，而任凭欲望的野马在陷阱密布的商界里纵横驰骋。殊不知，"放弃"是一种战略智慧。学会了放弃，你也就学会了争取。鱼和熊掌不可兼得，你必须有所选择，有所放弃。人生是一个不断放弃、又不断选择的过程，所以适时地放弃一些不切实际的要求，会令你收获更大的惊喜。

　　所以，聪明人总是在得失之间及时选择，把一切不利于自己的东西都放弃。

　　我只是想告诉大家，得和失永远是一对孪生兄弟，如影随形。做人不能因为固执而坚守自己已经得到的，也不能因为执着而迷恋已经失去的。

第二章　学会选择，懂得放弃

放弃要有原则

人生的苦恼，有时是因为不会放弃。但放弃是有原则的，该放弃的放弃，不该放弃的绝不能放弃。有人这样调侃道："放弃该放弃的是智慧，放弃不该放弃的是无能，不放弃该放弃的是混蛋，不放弃不该放弃的是执着。"放弃了不该放弃的，会给心灵带来莫大的失落和苦痛。

人生有些范畴是完全可以放弃的，而有些范畴又是完全不可放弃的，比如荣誉和利益可以放弃，而权利和义务不应该放弃；观念可以放弃，而人格和尊严则不可放弃；结果可以放弃，而过程则不可以放弃；情感可以放弃，而责任则不可以放弃；生命可

以放弃，而信仰必须坚持——这就是正确认识自我思维模式，但是我们要切记：坚持不等于固执，执着不等于愚昧。

在这本书里，我只是想告诉大家，得和失永远是一对孪生兄弟，如影随形。做人不能因为固执而坚守自己已经得到的，也不能因为执着而迷恋已经失去的。

第二次世界大战的硝烟刚刚散尽，以美、中、英、法、苏为首的战胜国几经磋商，决定在美国纽约成立一个协调处理国际事务的联合国。一切准备就绪之后，大家才蓦然发现，这个世界性组织竟没有自己的立足之地。

买一块地皮吧，刚刚成立的联合国机构还身无分文。让世界各国筹资吧，牌子刚刚挂起，就要向世界各国搞经济摊派，负面影响太大。况且刚刚经历了战争的浩劫，各国都国库空虚，甚至许多国家都是财政赤字居高不下，在寸土寸金的纽约筹资买下一块地皮，并不是一件容易的事。联合国对此一筹莫展。

听到这一消息后，美国著名的家族财团洛克菲勒家族经商议，果断出资870万美元，在纽约买下一块地皮，将这块地皮无条件地赠予了这个刚刚挂牌的国际性组织——联合国。同时，洛克菲勒家族亦将毗连这块地皮的大面积地皮全部买下。

第二章　学会选择，懂得放弃

对洛克菲勒家族的这一出人意料之举，当时许多美国大财团都吃惊不已。870万美元，对于战后经济萎靡的美国和全世界，都是一笔不小的数目呀！而洛克菲勒家族却将它拱手赠出了，并且什么条件也没有。这条消息传出后，美国许多财团和地产商纷纷嘲笑悦：“这简直是蠢人之举！”并纷纷断言：“这样经营不要10年，著名的洛克菲勒家族财团，便会沦落为著名的洛克菲勒家族贫民集团！”

但出人意料的是，联合国大楼刚刚建成，它四周的地价便飙升起来，相当于捐赠款数十倍、近百倍的巨额财富源源不断地涌进了洛克菲勒家族财团的腰包。这种结局，令那些曾经嘲笑过洛克菲勒家族捐赠之举的财团和地产商目瞪口呆。

这是典型的"因舍而得"的例子。如果洛克菲勒家族没有做出"舍"的举动，勇于放弃眼前的利益，就不可能有"得"的结果。放弃和得到永远是辩证统一的。然而，现实中许多人却执着于"得"，常常忘记了"放弃"才是一种至高的人生境界。要知道，什么都想得到的人，最终可能会为物所累，一无所获。

懂得放弃，人生会更美好

有个穷人，日子过得非常贫寒，当然日日夜夜都幻想着发财致富，改变命运。

有一天，他上山砍柴，砍着砍着，突然发现脚下有一个古色古香的木匣子，他心里怦怦地跳，这只古色古香的木匣子，他就从来没有见过，他想只有富贵人家，才能有这样的家具，他小心翼翼地看看四周，又故意自言自语地唠唠叨叨两句："谁家的东西放在这儿了？"他的目的就是怕匣子的主人在周围看着。

山野静静的，没有任何反应。他确定周围没有人了，就躬

第二章　学会选择，懂得放弃

下身去，将那木匣子掀开。

不掀不知道，一掀吓一跳。木匣子里装着满满的金条。

他平生从来没有看到过这么多的财物。就在他想要抱起来拿回家的瞬间，他的脑子里又犯了嘀咕：这么多的金条能是我这种人用得了的吗？一旦人们发现我变得富有了，官府一定会来查问我钱财的来路，那样，我这一介草民，不但会被抄家，还会搭上性命。穷人贪不得身外之财。况且谁会丢失这么多的金子，一定是哪个财主要拿我开涮。

想到这儿，他不但没有了突然得到意外之财的惊喜，反而却深深地恐慌起来。他似乎觉得山林周围有着无数双眼睛在凝视着自己，于是他毛骨悚然，扭头便跑……

当天夜里，他做了梦，梦见一白胡子老头，将一个金光闪闪的匣子推给他，说是对他勤劳的奖赏，而他却不敢接受；待有了勇气伸手去接受的时候，白胡子老头却变成一片飘向远方的白云。

第二天，这个穷人领着妻子和两个年幼的儿子，又去昨天砍柴的地方，那里除了蓬蓬的蒿草，什么也没有了。

这个故事告诉我们,放弃意味着丧失。人生是一道减法,当然需要不断地放弃,但放弃是有条件的,倘若任何事都不再重要,只为放弃而放弃,那我们就会一无所有。所以,在人生中我们一定要学会恰到好处地放弃。

拉斐尔11岁那年,一有机会便去湖心岛钓鱼。在鲈鱼钓猎开禁前的一天傍晚,他和妈妈早早地又来钓鱼。安好诱饵后,他将鱼线一次次甩向湖心,在落日余晖下泛起一圈圈的涟漪。

忽然,钓竿的另一头倍感沉重起来。他知道一定有大家伙儿上钩,急忙收起鱼线。终于,孩子小心翼翼地把一条竭力挣扎的鱼拉出水面。好大的鱼啊!它是一条鲈鱼。

月光下,鱼鳃一吐一纳地翕动着,妈妈打亮小电筒看看表,已是晚上十点——但距允许钓猎鲈鱼的时间还差两个小时。

"你得把它放回去,儿子。"母亲说。

"妈妈!"孩子哭了。

"还会有别的鱼的。"母亲安慰他。

"再没有这么大的鱼了。"孩子伤心不已。

"他环视了四周,已看不到一个鱼艇或钓鱼的人,但他从母亲坚决的脸上知道无可更改。暗夜中,那鲈鱼抖动着笨大的

身躯慢慢游向湖水深处,渐渐消失了。"

　　这是很多年前的事了,后来拉斐尔成为纽约市著名的建筑师了。他确实没再钓到那么大的鱼,但他却为此终身感谢母亲。因为他知道了什么是应该放弃的,也就是说,在他后来的人生旅程中,因为他通过自己的诚实、勤奋、守法,猎取到生活中的大鱼——事业上成绩斐然。

　　学会放弃,体现为人生的机智;而坚持不该放弃的,更体现为生命的耐力和韧劲。只有懂得什么应该获取,什么应该放弃,人生就会更加的美好。

不要追求不属于自己的

人生即哲学，可许多人无法悟透其中的道理。凡事都有一个度和量，过分追求本不该属于自己的东西，往往会适得其反，失去自己原本拥有的东西。

在人生的每一次关键时刻，审慎地运用你的智慧，做最正确的判断，选择属于你的正确方向。同时别忘了随时检查自己选择的角度是否产生偏差，适时地加以调整，千万不能像背棉花的樵夫一般，只凭一套哲学，便欲度过人生所有的阶段。有时只有放弃眼前利益，才能获得长远大利——要想成功，就要学会放弃。为了更好的明天，放弃眼前的小利，只有勇于舍弃

第二章　学会选择，懂得放弃

的人才是智慧的人。

在电影《卧虎藏龙》里李慕白对师妹曾说过一句话："把手握紧，什么都没有，但把手张开就可以拥有一切。"这句话就是告诫我们，当我们要放手时就要放手，不要因为眼前的一些利益或者虚名而紧抓不放，这样不仅浪费了我们的时间，同样也浪费了我们的生命。

有一个故事讲的是非洲土人抓狒狒有一绝招，他们故意让躲在远处的狒狒看见，将其爱吃的食物放进一个口小里大的洞中。等人走远，狒狒就欢蹦乱跳地来了，它将爪子伸进洞里，紧紧抓住食物，但由于洞口很小，它的爪子握成拳后就无法从洞中抽出来了，这时人只管不慌不忙地来收获猎物，根本不用担心它会跑掉，因为狒狒舍不得那些可口的食物，越是惊慌和急躁，就将食物提得越紧，爪子就越无法从洞中抽出。

听过这个故事的朋友都一定会嘲笑狒狒的愚蠢，松开爪子不就溜之大吉了吗？可它们偏偏不！在这一点上，说狒狒类人，亦可说人类狒狒。狒狒的举止大都是无意识的本能，而人如果像狒狒一般只见利而不见害地死不撒手，那只能怪他利令智昏或执迷不悟。

由此我们不妨想想自己，看一看我们身边的人，你同样会发现，有很多人难道不是因为放不下手中的名利、财富、权力、地位、美人，同样不是落得了狒狒的下场吗？

生活的经历告诉我们，寻找和成功并不是只依靠选择就可以得到的，有时也许要我们抛开一些贪欲，也就是要敢于抛弃一些束缚我们走向成功的东西才能得到长足发展。这正如中国古人所说，舍得舍得，只有舍才能得，人生有时只有放弃一些名利之类的东西，才能获得快活。有时候，我们越希望得到就选择了很多不属于我们的东西，结果连我们自己拥有的也会得到，审视一下我们自己所拥有的一切，我们就可以感受到这一切。

第二章　学会选择，懂得放弃

不该放弃的要坚持

放弃并不等于什么都放弃。在一条路上，如果没有成功的可能，学会放弃也是一种明智的选择。放弃了这条路，或许我们可以重新选择一次。

在一次远洋海轮不幸触礁的意外事件发生后，有九名船员拼死爬上一座孤岛才得以幸存下来。但是以后的情况更糟糕，这个小岛上没有任何可以用来充饥的东西。更恶劣的情况是，在烈日的肆虐下，每个人都渴得要命，水成为最珍贵的东西。

尽管周围都是海水，可是海水又涩又咸，根本没法喝啊，现在人们唯一的希望就是祈祷老天爷下点雨或是有别的过往船

只能够快点发现他们。等了很长一段时间,烈日越来越强,根本没有下雨的迹象,也没有任何船只经过这个小岛,渐渐地,他们都撑不下去了。

其中的八个船员都相继干渴而死,只有最后一位船员为了求得一线生机,忍不住跳到海水里"咕咚咕咚"地喝了起来。可是他没有喝出海水的苦涩味,反而觉得海水非常甘甜,就这样,他靠喝海水活过了一个多星期,最终等来了救援的船只。

后来经过科学家的化验发现,由于地下泉水不断地向上翻涌,其实这里的海水就是甘甜可口的泉水。

我们通常会认为海水是不能饮用的,可是某些情况下,如果不突破这种认识,就可能丧失一次求生的机会。

一个初学打猎的年轻人跟着自己的师父一同到山里去打猎。没走多远就发现了两只兔子从树林里蹿了出来,年轻猎人很快就取出自己的猎枪。两只兔子向不同的方向跑去,年轻猎人一下子不知道该向哪只兔子瞄准了,想打这只兔子,又怕那只兔子跑了,猎枪一会儿瞄准这只,一会儿又瞄准那只,就这样瞄来瞄去,结果兔子不见了踪影。年轻猎人感到十分气恼。

他的师父安慰他说:"两只兔子向不同的方向跑,你的

第二章　学会选择，懂得放弃

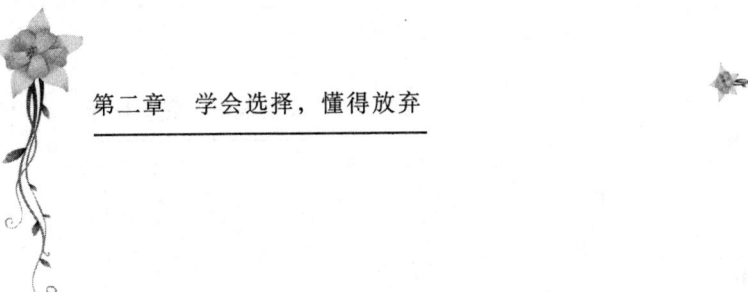

枪再快，也不可能同时射中两只呀。关键是你一定要选择好目标，这样你就不会空手而归了。"

人生有许多东西值得我们去奋斗，去追求，但并不是所有的东西我们都可以同时得到。当鱼和熊掌不可兼得的时候，你必须当机立断，抓住时机，马上出击。常言道："一鸟在手，胜过双鸟在林。"

记住老猎人的话吧，永远别在徘徊中错失良机。正是因为人的欲望永远无法得到满足，永远是遥无止境，所以我们必须学会放弃。不放弃，留给自己的只能是心灵的重负。

当机遇出现在你面前时，千万不要犹豫，因为机遇稍纵即逝。倘若瞻前顾后，患得患失，只会使你与成功擦肩而过。

在商业上，适时的放弃，也是企业营运的重要手段。放弃是为了调整产业结构，保留实力。

在形势不明朗时忍耐一会儿，不激进；在经济萧条时，业务做必要的放弃，保证能渡过难关，到经济复苏时，再扩大投资。

怎样在逆境中保留实力，是企业家的一项挑战。在顺境时，拥有巨额资金，收购这个，收购那个，何等意气风发。顺境中能攻，固然要讲究眼光和魄力。同样，在逆境中能守，也需讲究眼光和魄力。能攻能守，才称得上商业的全才。

要攻而获利，需靠准确的形势分析，掌握有利时机；要退而能保留实力，也得靠准确的形势分析。

李嘉诚投资地产，能攻能守，对攻守时机判断准确，已为业内公认。且看他在1982年股市地产陷入低潮之前，怎样评估形势，做出暂退的部署。

1982年到1984年，全球经济不景气，对香港造成严重的冲击，工业衰退，股市暴跌，地产也一落千丈。结果，投资地产者蒙受巨额的损失。

与此相反，李嘉诚的长江公司则采取稳健政策，暂时放弃，结果安然渡过这次经济危机，这得靠李嘉诚对形势的判断，独具慧眼，预见到地产业面临世界经济衰退和长期利息高涨的压力，1982年将会大幅向下调整，并据此做出暂退的部署。

在描写李嘉诚的书当中这样说过："他一旦发觉形势不妙，就从1980年开始，一方面尽量减少甚至停止直接购入地皮；另一方面加速物业发展，尽快出售。"目的是令"各个公司的负债日益减少，现金充足，以应付任何意外的风波"。

挪威船王阿特勒·耶伯生出生在卑尔根的一个殷实家庭，其父克列斯蒂·耶伯生是当地的一个小船主，家庭经济生活比

第二章　学会选择，懂得放弃

较富裕。他开始在一所教会学校读书，后就学于英国剑桥大学。毕业后，曾到奥斯陆、汉堡和纽约做过商业经纪人。

受家庭环境的影响，耶伯生从小就接受实业思想的熏陶。因此，早在青年时期他就表现出做生意的才能。1967年8月，他父亲在旅游途中因出车祸而丧生，31岁的耶伯生继承了父亲的产业，开始管理一家船业公司。从此他走上了经商的道路。

经过十几年的艰苦奋斗，耶伯生公司已从原来只有7艘船的小公司，变成了拥有90艘船的大型船队，并且在世界各地的油田、工厂和其他项目中拥有大量投资。目前，他到底有多少财产，连他自己也说不清楚："我唯一能说清的是，接受保险的财产大约是57亿克朗。"他的船运公司曾获得"挪威1977年最佳企业"称号，这在挪威航运界中是独一无二的。

耶伯生曾尝试经营油船，在他接管一年后就果断决定卖掉油船，放弃运油行业。

他的理由是当时的船运公司没有实力，命运操纵在石油大亨们的手中。如果把大部分本钱压在两三条大油船上实在没有把握。耶伯生退出运油业后，迅速将资金投在散装货物的运输

业上，并与工业部门签订了长期的运输合同。

事实证明，耶伯生的分析判断是极其正确的。油船脱手后，虽然他没有领受1973年石油运输短暂兴旺的好处，但是当石油运输的投资家们在20世纪70年代中期连遭厄运打击时，他却稳如泰山，毫发无损。

他以长期合同为基础，逐渐增置了6000吨至6万吨的散装船，为大企业运输钢铁产品和其他散装原料积累了雄厚的资本。

耶伯生主张发展挪威的航运业，必须面向世界，走向世界市场，如果把眼光仅仅停留在国内的航运业，将会自我消亡。我们致富的信念：必须坚决走出去，放弃过去的，哪里有可利用的资本，就到哪里去，这就是我们要取得成功的最关键之处。

人生在世，有许多东西是需要不断放弃的。在仕途中，放弃对权力的追逐，随遇而安，得到的是宁静与淡泊；在淘金的过程中，放弃对金钱无止境的掠夺，得到的是安心和快乐；在春风得意、身边美女如云时，放弃对美色的占有，得到的是家庭的温馨和美满。我们每个人心中都应谨记，你不可能什么都得到，所以你应该学会放弃。

生活有时会逼迫你，不得不交出权力，不得不放走机遇，

第二章　学会选择，懂得放弃

甚至不得不抛下爱情。

放弃，并不意味着失去，因为只有放弃才会有另一种获得。

一个青年背着一个大包裹千里迢迢跑来找灵智大师，他说："大师，我是那样的孤独、痛苦和寂寞，长期的跋涉使我疲倦到极点。我的鞋子破了，荆棘割破双脚；手也受伤了，流血不止；嗓子因为长久的呼喊而嘶哑……为什么我还不能找到心中的阳光？"

灵智大师问："你的大包裹里装的是什么？"

青年说："这包袱对我可重要了，里面是我每一次被伤害后的怨恨，每一次被误解时的气愤，每一次被指责后的烦恼……我时刻提醒自己要记得包袱里的东西，以后好加倍地回还给那些伤害我的人。靠了它，我才有勇气走到您这里来。"

于是，灵智大师带着青年来到河边，他们坐船过了河。上岸后，大师说："你扛着船赶路吧！"

青年很惊讶："它那么沉，我扛得动吗？"

"是的，孩子，你扛不动它。"大师微微一笑，说："过河时，船是有用的。但过了河，我们就要放下船赶路，否则，

它会变成我们的包袱，放下背上的包袱吧，孩子，生命不能负重太多，否则就算你看遍天下美景，你也不会知道的！"

青年觉得老者的话很有道理，于是他放下包袱，继续赶路。他发现自己的步伐轻松很多，心情也愉悦很多。

愤怒、埋怨、气恼，甚至仇恨，须臾不忘，就成了生命中的包袱。其实我们可以轻轻松松地度过每一天，只要我们拥有一颗宽容之心。在人生的漫漫旅途中，请放下包袱赶路，你的生活会因此轻松很多。

珍藏，会使我们的宝库越来越丰富。但是，珍藏过多，那些美丽的珍宝可能会成为我们前进的羁绊。心灵的负荷太重，人生就会是一种苦旅。

放弃一些吧，把那些不太重要的东西抛掉，把曾经的忧伤和痛苦抛置脑后，我们的步履仍会轻盈，心情仍会轻扬。

第二章　学会选择，懂得放弃

学会选择，懂得放弃

人生如演戏，每个人都是自己的导演，只有学会选择和懂得放弃的人才能创作出精彩的电影，拥有海阔天空的人生境界。

选择是人生成功路上的航标，只有量力而行的睿智选择才会拥有更辉煌的成功。

自古英雄多磨难，不拒绝命运的雕琢，才能有所作为。

深山里有两块石头，第一块石头对第二块石头说："去经一经路途的艰险坎坷和世事的磕磕碰碰吧，能够搏一搏，也不枉来此世一遭。"

"不，何苦呢，"第二块石头嗤之以鼻，"安坐高处一览

众山小,周围花团锦簇,谁会那么愚蠢地在享乐和磨难之间选择后者,再说,那路途的艰险磨难会让我粉身碎骨的!"

于是,第一块石头随山溪滚涌而下,历尽了风雨和大自然的磨难,它依然义无反顾、执着地在自己的旅途上奔波。第二块石头讥讽地笑了,它在高山上享受着安逸和幸福,享受着周围花草簇拥的畅意抒怀,享受着盘古开天辟地时留下的那些美好的景观。

在许多年以后,饱经风霜、历尽尘世之千锤百炼的第一块石头和它的家族已经成了世间的珍品、石艺的奇葩,并且被千万人赞美称颂,享尽了人间的富贵荣华。

第二块石头知道后,有些后悔当初,现在它想投入到世间风尘的洗礼中,然后得到像第一块石头那样拥有的成功和高贵,可是一想到要经历那么多的坎坷和磨难,甚至疮痍满目、伤痕累累,还有粉身碎骨的危险,便又退缩了。

一天,人们为了更好地保存那石艺的奇葩,准备为它修建一座精美别致、气势雄伟的博物馆,建造材料全部用石头。于是,他们来到高山上,把第二块石头粉身碎骨,给第一块石头

第二章 学会选择，懂得放弃

盖起了房子。

第一块石头，选择了艰难坎坷，懂得放弃享乐，所以它成了珍品，成了石艺的奇葩。只可惜第二块石头，不仅最后落得粉身碎骨的下场，而且成了废物。

放弃是智者面对生活的明智选择，只有懂得何时放弃的人才会事事如鱼得水。

失去是一种获得执着地对待生活，紧紧地把握生活，但又不能抓得过死，松不开手。人生这枚硬币，其反面正是那悖论的另一要旨：我们必须接受失去，学会放弃。

第三章

学会选择，懂得取舍

舍得的真谛

我们人性中的胸襟与慷慨大度，使我们的思想有着迷人的活力，而自私自利的思想或行为只能使精彩的思维走向毁灭。在生活中，我们要好好体会"舍得"的真谛。我们需要通过"取舍"来丰富人生，在"舍得"中体现智慧，在"舍得"后感悟人生。星云大师说："心随境转则不自在，心能转境则无处不自在。"拥有了正确的舍得心态，学会取舍的智慧，懂得进退的真谛，就能够享受美好的人生。

古人说："相由心生，烦恼皆自添，若为舍不得，又怎寻快乐？"

舍得是成就卓越的必有心态，有取有弃，低调淡泊，体现出了坦荡洒脱的人生追求。为利所扰，因为舍不得而忧虑，而为情所困。人要快乐，就要舍得。拥有了正确的舍得心态，学会取舍的智慧，懂得进退的真谛，就能够享受美好的人生。

会活的人，或者说取得成功的人，其实懂得了两个字：舍得。树舍灿烂夏花，得华实秋果；鸣蝉舍弃外壳，得自由高歌；壁虎临危弃尾，得生命保全，雄蜘蛛舍命求爱，得繁衍生息；溪流舍弃自我，得以汇入江海；凤凰舍其生命，得以涅槃重生。人舍墨守成规，得别具一格；舍人云亦云，得独辟蹊径。可见，只有懂得了舍得的人生大智慧，才能够将自己的人生经营得有声有色，拥有成功而幸福的生活，从而活得精彩，活得快乐。

其实，百年的人生长河，也不过是由"舍"与"得"的小小浪花组成。"舍"与"得"就如水与火、天与地、阴与阳一样，是既对立又统一的矛盾体，相生相克，相辅相成。万事万物不可能总是十全十美，往往鱼和熊掌不能兼得。该舍的时候一定要舍得去"舍"。只有舍掉了该舍的，才有可能得到的更多。但舍并不是全部舍掉，而是舍掉那些沉重的、让你走不远的负累，留下那些轻快的、性灵的美好，从而能让你轻松前

第三章 学会选择，懂得取舍

行。其实，懂得了舍与得的智慧和尺度，就懂得了人生的真谛。我们需要通过"取舍"来丰富人生，在"舍得"中体现智慧，在"舍得"后感悟人生。

人的内心就是这样，总是希望有所得，以为拥有的东西越多，自己就会越快乐。所以，这人之常情就迫使我们沿着追寻获得的路走下去。可是，有一天，我们忽然惊觉：我们忧郁、无聊、困惑、无奈……我们失去了一切的快乐，其实，我们之所以不快乐，是我们渴望拥有的东西太多了，欲望的负累让我们执迷在某个事物上了。懂得放弃才有快乐，背着包袱走路总是很辛苦。

中国历史上，"魏晋风度"常受到称颂，他们不同于佛、老子、孔子，在入世的生活里，又有一份出世的心情，说到底，是一种不把心思凝结在一个死结上的心态。

我们在生活中，时刻都在取与舍中选择，我们又总是渴望着取，渴望着占有，常常忽略了舍，忽略了占有的反面——放弃。

懂得了放弃的真意，也就理解了"失之东隅，收之桑榆"的真谛。多一点中和的思想，静观万物，体会与世界一样博大的诗意，我们自然会懂得适时地有所放弃，这正是我们获得内心平衡，获得快乐的好方法。

每个人都有着不同的发展道路，都会面临人生无数次的抉择。

当机会接踵而来时，只有那些树立远大人生目标的人，才能做出正确的取舍，把握自己的命运。

我们凭借算账的能力与才华服务于他人，服务于这个世界。工人以技能服务于人，艺术家以艺术作品服务于人，商人以自己的货品服务于人等等。我们以自身的力量供应了整个社会和人类。在这一服务过程中，我们不断调整自己的意识使其与全能的法则保持一致。这使我们看到，当我们给予得越多，我们就会收获得越多。我们的所有付出都会如法则所言，"舍"的越多，"得"的也越多，而后，我们自然会有能力付出更多的恩惠与服务。

舍与得虽是反义，却是一物的两面，相伴相生，相辅相成。关于舍得，佛家认为舍就是得，得就是舍，如同"色即是空，空即是色"一样；道家认为舍就是无为，得就是有为，即所谓"无为而无不为"；儒家认为舍恶以得仁，舍欲而得圣；而在现代人眼里，"舍"就是放下，"得"就是成果。其实人生就是一个舍与得的过程，人们常常面临着舍与得的考验。功过成败，皆在取舍之间；喜怒哀乐，多由"舍"与"得"之间

第三章　学会选择，懂得取舍

的艰难抉择而生。在人生旅程当中，要如何抉择、如何取舍，是一门很大的学问。你若真正把握了舍与得的机理和尺度，便等于把握了人生的钥匙和成功的机遇，就懂得了人生的真谛。

生活总是在取舍中选择

生活中，大多数人总希望有所得，以为拥有的东西越多，自己就会越快乐，所以就会沿着追寻利益的路走下去。可是，有一天，忽然发觉，忧郁、无奈、困惑、伤心、无聊、一切不快乐，都和自己的图谋有着密切的联系，之所以不快乐，是因为渴望拥有的东西太多太多了，或者，太过于执着了，以至于不知不觉中，我们已经执迷于某个事物上了。

树立了远大目标，面对人生的重大选择就有了明确的衡量准绳。孟子曰："舍生取义。"这是他的选择标准，也是他人生的追求目标。

第三章　学会选择，懂得取舍

著名诗人李白曾有过"仰天大笑出门去，我辈岂是蓬蒿人"的名句，潇洒傲岸之中，透出自己建功立业的豪情壮志。凭借生花妙笔，他很快名扬天下，荣登翰林学士这一古代文人梦寐以求的事业巅峰。但是一段时间之后，他发现自己不过是替皇上点缀升平的御用文人。这时的李白就面临一个选择，是继续安享荣华富贵，还是走向江湖穷困潦倒呢？以自己的追求目标做衡量标准，李白毅然选择了"安能摧眉折腰事权贵，使我不得开心颜"，弃官而去。

一些看似无谓的选择，其实是奠定我们一生重大抉择的基础，古人云："不积跬步，无以至千里；不积小流，无以成江海。"

无论多么远大的理想，伟大的事业，都必须从小事做起，从平凡处做起，所以对于看似琐碎的选择，也要慎重对待，考虑选择的结果是否有益于自己树立的远大目标。

一只老鹰被人锁着，它见到一只小鸟唱着歌儿从它身旁掠过，想到自己却……于是它用尽全身的力量，挣脱了锁链，可它也挣折了自己的翅膀。它用折断的翅膀飞翔着，没飞几步，它那血淋淋的身躯还是不得不栽落在地上。

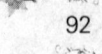

老鹰向往小鸟的自由,挣脱了锁链,却牺牲了自己的翅膀。

自由如果要以牺牲自己的翅膀为代价,实际上也就牺牲了自由。

生活中,也有很多人知道,懂得舍得,才能获得!只是,人世间舍不得的情况,往往多于舍得:因为家人的干预与阻挠,而使原本真心相爱的两人无法结合,他们舍不得;因为利益的驱使与诱惑,而使原本已经犯错的人无法回头,他们舍不得;因为环境的遭遇与变迁,而使原本蒸蒸日上的事业陷入低谷,他们舍不得……

痛苦失落的时候,痛哭、怨恨、迷茫都于事无补,只有自己想明白了才行。有些事既然不能放弃追求,就要承受为追求理想可能承担的苦痛。其实放弃很容易,承担很难,抱怨很容易,理解很难。人生短暂,我们要学会豁达些、宽容些、懂得舍弃,不难为自己,也许就能活得轻松些。

"命里有时终须有,命里无时莫强求!"虽然很多时候我们并不相信命运这种东西,但在现实生活中,有时候我们却不得不屈服于命运。命运常常是最会捉弄人的,它可以使你从云霄顶端跌入地狱深渊,遍尝人世间的酸甜苦辣。无论你喜不喜欢、愿不愿意,这样的经历都是不可避免的,有时候甚至更

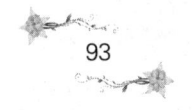

多。

在现实生活中，鱼和熊掌，往往是不可兼得的，因而在取与舍之间，总是那么让人难以抉择。抉择之所以如此艰难，常常是因为我们内心舍不得放弃，摇摆不定。所以，很多时候我们必须懂得，人生的道路，总是崎岖的，我们不能把目光仅局限于眼前失去的东西，应该时刻保持一颗感恩的心，感谢生命，感谢人生，感谢生活中别人所给予的。

舍弃一样我们舍不得的东西，或许我们会心痛乃至心碎，但那并不意味着我们就永远也得不到。很多现状只是暂时的，既然目前我们没有能力去解决与应付，那么就算是想得再多也是无益，徒增忧郁伤感。"忍一时风平浪静，退一步海阔天空"，生活方式是由我们自己去掌握和选择的，快乐或者痛苦，其实都在我们手中。要怎么生活，决定权在我们。

我们在生活中获得的快乐，并不在于我们身处何方，也不在于我们拥有什么，更不在于我们是怎样的一个人，而只在于我们的心灵所达到的境界。因而当我们学会了从得到中失去，从失去中获得，抛弃刻意追求卓越的野心，忘掉时时不如意的烦心，简单地享受生活，我们就是快乐的。这样虽然平平淡淡，但却是生活的真谛。

获得一样我们心所想的东西，或许我们会兴奋乃至欣狂，但那也无法说明我们就一定可以永远占有。

人事间的事，总是没有绝对完美的，该放弃的时候就应该果断地放弃。对于已经结束的东西，要想挽回总是很艰难的，人生总是有取有舍的，不要一味地争论命运的公平与否，即使生命本来就是不公平的。每个人都会有无能为力的时候，也都有自己的弱点、问题和困难，但我们的生命终究还是我们自己独有的，所以也只能尽可能地努力，无论你是谁，正在做什么，重要的是做最好的你。

每个人都渴望成功，每个人都渴望改变自己目前不尽如人意的现状，每个人都希望这一生能够做一番事业，但是，生活中有些事，并不像我们想象的那么简单、那么容易。能够成功的人毕竟总是少数，大多数人往往是碌碌无为，毫无所成。所以这一辈子即使我们没有什么大的成就，但只要我们快乐地活着，那就是最大的幸福。

从今天开始，我快乐；

从今天开始，我健康；

从今天开始，我相信自己；

从今天开始，我热爱他人；

第三章　学会选择，懂得取舍

从今天开始，我拥有财富；

从今天开始，我歌唱生命。

其实，生活原本是有许多快乐的，只是我们常常自生烦恼，"空添许多愁"。许多事业有成的人常常有这样的感慨：事业小有成就，但心里却空空的。好像拥有很多，又好像什么都没有。总是想成功后坐豪华游轮去环游世界，尽情享受一番。但真正成功了，仍然没有时间、没有心情去了却心愿，因为还有许多事让人放不下……所以没有了快乐。

懂得适时舍弃

我们生活的世界原本纷繁复杂,很多东西在追求和面对的时候,需要我们不断地去选择,去割舍。很多时候,鱼与熊掌可以兼得的例子真的很少,你在得到的同时也会经历失去的苦涩。在得与失当中要想做出正确的选择,是一件非常艰难而痛苦的事,所以需要我们用"看开、放下、平和、淡然"的良好心态来面对。

人生充满变数,所以人生必然是一个不断选择、不断"获得"与"失去"的过程。如果没有一种乐观豁达的心态,那么不管他是多么幸运的一个人,都不会拥有真正完美快乐的人

生。人不可能永远只是获得，而从不失去，珍惜曾经的拥有，就是一种最好的生活方式。

所以，得不到就放手，是人生的大智慧。放弃，并不是愤世嫉俗、脱离现实，只是让我们能够在为人处事当中，做一个拿得起放得下的人，活出自我，追求自己想要的生活，不被无谓的世事所牵绊。只有做到这一点，你才会成为一个快乐而充满魅力的人；只有做到这一点，你才会拥有一个成功而幸福的人生。

我们只有真正把握好舍与得的尺度，才能更好地善待自己，才能敲开真正适合自己的成功之门。要知道，人生苦短，不过是来去匆匆的几十年，与其在抱怨中度过，不如为自己营造一个快乐的天地。

舍得是人生的重要课题。追求梦想是每个人的自由，但不要奢望太多，否则你只能不堪重负。该放弃时就放弃，不以物喜，不以己悲，宠辱不惊，淡泊明志，宁静致远，你就会得到幸福。

退一步，海阔天空。拥有好心态的人，都会看淡人生的得与失，因为他们明白放弃不是妥协，只是为了让自己走得更远，因为恰到好处的放弃，就是一种进取。

人生就像是一段旅程，不必在乎目的地，在乎的是沿途的风景以及看风景的心情。人生的风景如此美好，我们又怎么忍心错过？又何必让那些名誉、地位、财富、人际关系、烦恼、郁闷、挫折、沮丧、压力等，来搅扰我们看风景的心情呢？

那么，就将那些早该丢弃而未丢弃的东西丢掉吧，让生活重新开始，让自己轻装上阵，只有这样，你才能拥有了无遗憾的人生。

如果我们到寺院去，请求禅师开释，几乎所有的禅师都会给你说六个字："看破，放下，自在！"这六个字确实道出了人生的妙处。只有看得破，才能放得下。只有放得下，人生才能自在。人生在世，需要的就是这份从容洒脱。对于忙忙碌碌的现代人来说，首先要做到的，就是看破、放下。在人的一生中，每个人都要做好这两门功课。人要能放弃一些东西，才能够轻松地去争取一些收获，假如什么都不肯放弃，那也没有时间和精力去追求新的收获。

舍得，是先舍而后得，而不是先得而后舍。当然，每个人都想得的越多越好，那是不可能的，因为你两只手只能抓住两样东西，永远没有可能得到所有的东西。

第三章　学会选择，懂得取舍

在面对困境的时候，懂得适时舍弃，你就能更好地保持，不舍弃一分一毫，最终你将损失殆尽，一无所有。

在长白山区，一些猎人常在狼出没的地方埋下一种"闸"，狼一旦踩到，腿就会被牢牢地夹住。当狼拼死挣扎逃脱无望时，就会果断地将自己被夹住的腿咬断，以求得逃生。

狼用失去一条腿的代价，而保全了自己的性命。狼的这种积极的得失观，让我想到了另一种动物，它就是孔雀。

据说，雄孔雀最珍惜自己的美尾，所以猎人专门选择下大雨的时候出击。这时孔雀的美尾已被淋湿，它担心这时飞起会弄坏了它美尾，所以宁愿被捉也绝不动弹，于是纷纷"落网"。孔雀因害怕失去漂亮的美尾，结果丢失了整个自由和生命。

当我们面对人生的得与失时，多想想狼与孔雀吧，也许，我们可以从中学会树立正确的得失观，在得与失面前，做出智慧的选择。

工作稳定、受重用、待遇好、体面、高薪、自由、有成就感……听起来每一项都是值得我们奋斗的目标，一旦拥有，便害怕失去，而拥有得失越多，害怕也越多，正所谓，患得患失，两者从来都是紧密相连的。

在不同的生活环境中，你可能面临着不同的失去的威胁。如果你是刚参加工作的新人，你遇到的更多是知识、经验、能力的门槛，但是工作几年之后，你会遇到裁员、转型等新的障碍区；职位低的时候，压力主要来自正确做事的挑战；升职后，一部分压力则来自于继续晋升的挑战……

那么，如何突破因害怕失去而引发的压力呢？这就是要真实地面对内心，看清自己的恐惧，看清自己究竟会失去什么？失去了又如何？

首先请扪心自问你担心失去什么：饭碗？职位？上司的器重？晋升的机会？……你还需要看一看你可能失去的对你意味着什么，负面影响是暂时的还是长期的、根本的还是局部的、是随意的还是无法承受的。总之，如果你要缓解压力，就必须像旁观者一样理性地审核症结所在。

姜小姐在一家公司做销售经理已经五年了，业绩一直非常好。近一年来，外部竞争越来越激烈，她所在公司的优势渐渐弱化，再加上老板的管理方式显得很落后，姜小姐感觉越做越辛苦，尽管工作量没有增加，但工作压力却越来越大。

她的工作压力主要来自于内心。她是一个追求完美的女性，在事业上从来不愿意半途而废。多年来她努力取得的成绩

第三章 学会选择，懂得取舍

有目共睹，老板在公司发展初期也表现出了令人信服的能力，但是当企业发展到了一个关键阶段时，老板的局限性表现出来了，姜小姐意识到了这一点，也意识到了追求理想的难度，这时候她感觉压力增大了。她害怕公司失去原有的竞争能力，害怕公司失去奋斗了多年才占据的行业优越地位，害怕自己失去追求理想的方向和动力，害怕自己多年努力而来的成果随着公司的下滑而丢掉。

姜小姐如果要缓解这种害怕失去的压力，她必须看清楚自己怕的到底是什么，然后客观地评估这些担心有没有可行的解决办法。与其害怕失去，不如学会放弃权衡取舍，主动"失去"。

你也许从来都不想放弃任何好处，因此才会总表现的患得患失，为了让自己生活得更轻松一些，你就应该学着坦然面对得失，因为有所失才能有所得，而且失掉的越多，得到的也才能越多。

有舍才有得

很多人请我预测,虽然痛苦的种类千差万别,但根源只有一个——欲望!

因为欲望,生活变得沉重,想通过预知以后的路,趋吉避凶,寻求苦难的解脱之法。仔细想起来,不管是多准的预测,不管是多好的方法,能不能避免灾难,能不能快乐无忧,关键还在自己!

伟大的作家托尔斯泰曾讲过这样一个故事:有一个人想得到一块土地,地主就对他说:"清早,你从这里往外跑,跑一段就插个旗杆,只要你在太阳落山前赶回来,插上旗杆的地都归你。"那人就不要命地跑,太阳偏西了还不知足。太阳落山前,他是跑回来了,但人已精疲力竭,摔个跟头就再没起来。于是有人挖了个坑,就地埋了他。牧师在给这个人做祈祷的时候说:"一个人要多少土地呢?就这么大。"人生的许多沮

第三章 学会选择，懂得取舍

丧都因为你得不到想要的东西，其实，我们辛辛苦苦地奔波劳碌，最终的结局不是只剩下埋葬我们身体的那点土地吗？伊索说得好："许多人想得到更多的东西，却把现在所拥有的也失去了。"这可以说是对得不偿失最好地诠释了。

其实，人人都有欲望，都想过美满幸福的生活，都希望丰衣足食，这是人之常情。但是，如果把这种欲望变成不正当的欲求，变成无止境的贪婪，那我们就无形中成了欲望的奴隶了。在欲望的支配下，我们不得不为了权力、为了地位、为了金钱而削尖了脑袋向里钻。我们常常感到自己非常累，但是仍觉得不满足，因为在我们看来，很多人比自己生活得更富足，很多人的权力比自己大。所以我们别无出路，只能硬着头皮往前冲，在无奈中透支着体力、精力与生命。扪心自问，这样的生活，能不累嘛！被欲望沉沉地压着，能不精疲力竭嘛！

从出生开始，每个人的后背就背着一个背篓，每走一步路就捡一块石头放进去，这就是为什么感觉生活越来越沉重的道理。生活中我们不断地捡东西放在心里，于是越来越累。

有什么办法可以减轻重量吗？大家异口同声地问同一个问题，有谁愿意把工作、爱情、家庭、友谊、金钱、地位、名声哪一样拿出来扔掉呢？

人这一辈子只有两个时候最轻松：一是出生时，赤条条而来，背着空篓子；一是死亡时，把篓子里的东西倒得干干净净，然后赤条条而去。除此之外就是不断往篓子里放东西的过程。心为形役，所以会感觉到累，可是又不愿放弃篓子里的东西，因为每放弃一样东西，心是会流血的！

第三章　学会选择，懂得取舍

患得患失的悲哀

《老子》中说："名与身孰亲？身与货孰多？得与亡孰病？甚爱必大费，多藏必厚亡。故知足不辱，知止不殆，可以长久。"这句话的意思是，人的一生之中，名声和生命到底哪个更重要呢？自身与财物相比，何者是第一位的呢？得到名利地位与丧失生命相衡量，哪一个是真正的得到，哪一个又是真正的丧失呢？所以说过分追求名利地位就会付出很大的代价，你有庞大的储藏，一旦有变则必受巨大的损失。追求名利地位，要适可而止，否则就会受到屈辱，丧失你一生中最为宝贵的东西。

老子的话极具辩证思想,告诉我们应该站在一个什么样的立场上看待得失的问题。也许一个人可以做到虚怀若谷,大智若愚,但是事事占下风,总觉得自己在遭受损失,渐渐地就会心理不平衡,于是就会去计较自己的得失,再也不肯忍气吞声地吃亏。事事一定要分辨个明明白白,结果朋友之间、同事之间是非不断,自己也惹得一身闲气,而想得到的照样没有得到,这是失的多还是得的多呢?对于得失问题,古人还认识到:自然界中万物的变化,有盛便有衰;人世间的事情同样如此,总是有得便有失。

《论语》中记载了孔子的言论:"愚钝的人可以让他做官吗?如果让这样的人做官的话,还没有得到官位的时候,害怕得不到;做了官以后又怕失去。既然怕失去官位,就什么都做得出来。"

同样,庸人在没有得到富贵与权力的时候,就害怕得不到,得到富贵与权力之后,又唯恐失去。这就是我们常说的患得患失。

患得患失的人把个人的得失看得过重。其实人生百年,贪欲再多,钱财再多,也一样是生不带来死不带去。

挖空心思地巧取豪夺,难道就是人生的目的?这样的人

生难道就完美，就幸福吗？过于注重个人的得失，使一个人变得心胸狭隘、斤斤计较、目光短浅。而一旦将个人得失置于脑后，便能够轻松对待身边发生的事，遇事从大局着眼，从长远利益考虑问题。

《老子》中说："祸往往与福同在，福中往往就潜伏着祸。"得到了不一定就是好事，失去了也不见得是件坏事。正确地看待个人的得失，不患得患失，才能真正有所收获。人不应该为表面的得到而沾沾自喜，认识人，认识事物，都应该认识他的根本。得也应得到真的东西，不要为虚假的东西所迷惑。失去固然可惜，但也要看失去的是什么，如果是自身的缺点、问题，这样的失又有什么值得惋惜的呢？

官场，一直是中国人，特别是中国文化人的潜在理想，我们总是讲出世和入世，与其联系的就是为官与隐居为民，更多的人则是通过隐居以扬名，从而得到当朝统治者的征召。这种官场文化从古代的吏治到现代的公务员文化，其本质虽然发生了变化，但是其职责却有些一脉相承的味道，从"当官不为民做主，不如回家卖红薯"到"为人民服务"，其核心还是为民谋福利。

但事实却与这个理想大相径庭，都说"天下熙熙，皆为利

来，天下攘攘，皆为利往"，很多人行走在官场，终被名利迷晕了，蒙蔽了双眼，心也随之变质，从而走上一条看似富贵的不归路。前几年出现的畅销书《沧浪之水》，就是展示官场文化的书，里面似乎在传达一个理念，你在这个位置上，就必须做相应的事，否则总有一天因你的格格不入，而被这个"场"所抛弃。于是很多人就从众了，随俗了，贪污腐败了，玩忽职守了，最终是锒铛入狱。

官场如战场，这话一点都不假，为官，需要保持一颗清白的良心，要做到同流世俗不合污，周旋尘境不流俗。

老子《道德经》有一句话讲道："挫其锐，解其纷；和其光，同其尘。"挫锐解纷，和光同尘，或许听来略显晦涩，其实是在告诉我们一个为人处世的方法。有一个人，可以让我们对这种生活态度有一个深刻的了解。济颠和尚，以其佯狂应世，游戏风尘，为人排忧解难，看似疯疯癫癫，实则一切了然，表面嬉笑尘世，实际心怀慈悲。后人有诗赞曰："非俗非僧，非凡非仙。打开荆棘林，透过金刚圈。眉毛厮结，鼻孔撩天。烧了护身符，落纸如云烟。有时结茅宴坐荒山巅，有时长安市上酒家眠。气吞九州，囊无一钱。时节到来，奄如蜕蝉。涌出舍利，八万四千。赞叹不尽，而说偈言。"一个鞋儿破、帽儿破、身上袈裟破的行

第三章 学会选择，懂得取舍

脚僧，一个人人都笑骂的癞头和尚，却是一个行走红尘惩恶扬善的活佛，这便是挫锐解纷，和光同尘。

行走在官场要冲而不盈，与世俗同流而不合污，周旋于尘境有无之间，却不流俗，混迹尘境，但仍保持着自身的光华。而将"挫其锐，解其纷"的战略运用得得心应手的代表人物之一便是中唐时期的郭子仪。

郭子仪被唐德宗称为"尚父"，"尚父"这个称谓，只有周朝武王称过姜太公，在古代是一个十分尊崇的称呼。由唐玄宗开始，儿子唐肃宗，孙子唐代宗，乃至曾孙唐德宗，四朝都由郭子仪保驾。唐明皇时，安史之乱爆发，玄宗提拔郭子仪为卫尉卿，兼灵武郡太守，充朔方节度使，命令他率军讨逆。唐朝的国运几乎系于郭子仪一人。

唐代宗时，天下大乱，新疆的回教联合西藏的回教造反，快要打到长安了，皇帝下诏请郭子仪出山。当时他连一支部队都没有，跟在身边的只有老部下数十个骑士，一接到诏命，他只好临时凑人出发，勉勉强强把没有经过训练的后备兵，连退伍老弱都加以整编，也只凑了5000人，去抗拒敌人10万雄兵。他到了前方跟随军的儿子讲，这仗不能打，我一个人去敌营，

或许还有点办法。郭子仪出发之际,他的仨儿子紧紧拽住父亲的马缰:"回纥人如狼似虎,父亲大人是堂堂元帅,怎么能自己送上门去当俘虏?"郭子仪告诉儿子:"现在敌强我弱,如果硬拼,我们父子都要战死,江山社稷就危险了。如果能与回纥谈判,说服他们倒戈,那就是黎民百姓的福气,扭转战局,在此一举。"他推开了儿子,向回纥军营策马而去。

回纥首领药葛罗听说郭子仪来了,将信将疑,他生怕有诈,命人拈弓搭箭,严阵以待。郭子仪摘下头盔,脱掉铠甲,放下兵器,缓缓而行。当他来到药葛罗面前时,回纥酋长们一起拜倒,表达了诚心诚意的欢迎。郭子仪凭借一己之力说服回纥首领,单骑退兵,从此名震千古,传为佳话。

不止一次,许多危机都被郭子仪化解了,当天下无事了,皇帝又担心功高镇主,命其归野。朝中的文臣武将,都是郭子仪的部下,可是一旦皇帝心存疑虑,要罢免他时,他就马上移交清楚,坦然离去。等国家有难,一接到命令,郭子仪又不顾一切,马上行动,所以屡黜屡起,四代君主都离他不行。

郭子仪将冲虚之道运用得挥洒自如,以雅量容天下。皇帝

第三章　学会选择，懂得取舍

面前一个颇有权位的太监鱼朝恩，用各种花样专门来整他，他都没有记恨，一一包容。最后鱼朝恩居然派人暗地挖了郭父的坟墓，郭子仪不动声色，在皇帝吊唁慰问时哭着说："臣带兵数十年，士兵在外破坏别家坟墓的事，我都顾及不到，现在家父的坟墓被人挖了，乃因果报应，与他人无关。"

郭子仪洞悉世情，汾阳郡王府从来都是大门洞开，贩夫走卒之辈都能进进出出。郭子仪的儿子多次劝告父亲，后来，郭子仪语重心长地说："我家的马吃公家草料的有500匹，我家的奴仆吃官粮的有1000多人，如果我筑起高墙，不与外面来往，只要有人与郭家有仇，嫉妒郭家的人煽风点火，郭氏一族很可能招来灭族之祸。现在我打开府门，任人进出，即使有人想诬陷我，也找不到借口啊。"儿子们恍然大悟，都十分佩服父亲的高瞻远瞩。

郭子仪晚年在家养老时，王侯将相前来拜访，郭子仪的姬妾从来不用回避。唐德宗的宠臣卢杞前来拜访时，郭子仪赶紧让众姬妾退下，自己正襟危坐，接待这位当朝重臣。卢杞走后，家人询问原因，郭子仪说道："卢杞此人，相貌丑陋，心

地险恶，如果姬妾见到他，肯定会笑出声来，卢杞必然怀恨在心。将来他大权在握，追忆前嫌，我郭家就要大祸临头了"。

果然，后来卢杞当上宰相，"小忤己，不置死地不止"，但对郭家人一直十分礼遇，完全应验了郭子仪的说法，一场大祸消于无形。

郭子仪的一生便是"挫锐解纷，和光同尘"的最好解读，做人如此，做官如斯，已是人中之极了。

无论官位大小，都能做到冲虚自然，仿佛一泓活水，永远不盈不满，来而不拒，去而不留，吐故纳新，自然能留存无碍而长流不息。

第三章　学会选择，懂得取舍

取舍之间，进退自如

出世与入世，换一种说法其实就是看透进退的玄机。古人讲进退，是指做官和退隐的问题。明代理学大师薛文清说："进将有为，退将自修。君子出处，唯此二事。"这是古人的进退观，正是"穷则独善其身，达则兼济天下"。最高明的智者会在出世和入世间进退自如，不受名利的束缚，既能全身，又能成就大业。李泌就是这一方面的典型代表。

李泌小时候就有"神童"之称，深得唐玄宗的喜爱。后来他与当时还是太子的肃宗相识。

"安史之乱"时，肃宗面对强大的叛军，很想找些心腹来

帮忙,于是他请来了隐居的李泌。

说起来唐王朝没有在安史之乱的战火中灰飞烟灭,一方面多亏了郭子仪、李光弼等大将的浴血奋战、殊死报国;另一方面也多亏了李泌那条"山人妙计"。

唐肃宗收复京师之后,李泌去见肃宗。唐肃宗留李泌宴饮,同榻而眠。当时,李泌常受小人猜忌和陷害,为了明哲保身,他决定退隐山林。在隐退之前,他决心尽自己的最后一次努力,保护自己曾经爱护的皇太子广平王李豫。

当天晚上,李泌对肃宗说:"臣已略报圣恩,请准我做闲人。"

肃宗惊异,说:"我同先生忧患多年,应该与先生同乐,您为何要离去呢?"

李泌答道:"臣有五不可留,愿陛下让我离去,免于一死。"

唐肃宗问:"这五不可留指什么呢?"

李泌答道:"我遇陛下太早,陛下任我太重,宠信我太深,我的功劳太高,事迹太奇,有此五虑。陛下若不让我走,就是杀了臣。"

第三章　学会选择，懂得取舍

肃宗不解地说："先生为什么怀疑我？朕不是疯子，为什么要杀先生呢？"

李泌道："正是陛下不杀我，我才敢请求归山，否则我怎么敢说？并且我说被杀，不是指陛下，而是指那五点原因。我想，陛下对臣这么信任，有些话尚且不敢说，等天下安定了，我哪敢再说什么！"

肃宗说："我知道了，先生要北伐，我不听从您的建议，先生您生气了。"

李泌回答："不是，我说的是建宁王一事。"原来，不久前，肃宗听信奸臣诬告，建宁王被赐死。

肃宗说："建宁王听信小人的话，谋害长史，想夺储位，我不得不赐他死，难道先生还不知道吗？"

李泌又说："建宁王倘若有此心，广平王必定会怨恨他，可是广平王每次与我谈话，都说弟弟冤枉，泪如雨下。况且，以前陛下想用建宁王为天下兵马大元帅，我请改任广平王。建宁王要是想夺太子的地位，一定会恨臣，为什么他认为我是忠心，对我更加亲善呢？"

听到这里,肃宗也不禁流泪道:"我知道错了,先生说得很对,但是这件事既然已经过去了,我也不想再提这件事。"

李泌说:"我不是要追究以前的责任,是为了让陛下警戒将来。当年则天皇后有四个儿子,她错杀了太子弘,立次子李贤为太子。次子内心忧惧,作《黄台瓜》一词,想感动则天皇后,但则天皇后不予理睬。李贤被废之后,死在贬所黔中。《黄台瓜》一词是这样说的'种瓜黄台下,瓜熟子离离。一摘使瓜好,更摘使瓜稀,三摘尤可为,四摘抱蔓归。'陛下已经摘了一个大瓜了,千万不要再摘了。"

肃宗惊奇地说:"怎么会有这种事?我当把这首诗记下,时时警惕。"

李泌说:"只要陛下记在心中就行了。"之后,李泌就归隐山林了。直到唐代宗继位,他又被请出山,出任朝廷要职。后来遭排挤,便安然退隐。待到唐德宗时,李泌再次出山。

李泌一生,身经四朝,于安史之乱等危难之时鼎力相助,以大智慧定策平贼,居功至伟。四朝皇帝都对他恩宠有加,奉为师友,亲密至极,是名副其实的"帝王之师"。李泌如果想要一般人梦里也想的高官厚禄，那简直是唾手可得。但他身在朝堂，心在山川，天下稍有安定，就退步抽身，远走隐退。正所谓"大隐隐于朝"，李泌实在是深得道家精髓的绝世高人。

李泌四隐四仕，能够顺其自然，还做到了儒家所提倡的"用之则行，舍之则藏""行"则建功立业，"藏"则修身养性，无论"行"还是"藏"都过得十分充实，平静处世。李泌对出世与入世的从容选择，对于今人的意义依然很大。

第四章

选择的智慧

第四章　选择的智慧

选择的智慧

　　人生似一条曲线，起点和终点是无可选择的，而起点和终点之间充满着无数个选择的机会。如果你想实现自己的梦想和价值，你就必须善于选择自己的人生之路。

　　《老子》中说："名与身孰亲？身与货孰多？得与亡孰病？是故甚爱必大费，多藏必厚亡。故知足不辱，知止不殆，可以长久。"这句话的意思是，人的一生之中，名声和生命到底哪个更重要呢？自身与财物相比，何者是第一位的呢？得到名利地位与丧失生命相衡量起来，哪一个是真正的得到，哪一个又是真正的丧失呢？所以说过分追求名利地位就会付出很大

的代价，你有庞大的储藏，一旦有变则必受巨大的损失。追求名利地位这些东西，要适可而止，否则就会受到屈辱，丧失你一生中最为宝贵的东西。

这其实就是一种生活中的选择哲学，毕竟在我们的生活中，鱼与熊掌是不可兼得的，你选择了名利，必然就要损失人性。

在两年前，当一群朋友在一起聚会时，其中一位朋友曾经问过我们这样一个问题：当你的母亲、妻子、孩子都掉进水中时，你先去救谁？

不同人的人给出不同的答案。事后，大家都觉得应该好好地探询这个问题。于是他们就去向哲学家询问，哲学家们就不同的答案给出深入分析，说明不同的人思想、灵魂、文化深处的重大差异。

但是，一位农民却给出了他的答案。他的村庄被洪水冲没，他从水中救出他的妻子，而孩子和母亲都被冲跑了。

事后，大家对他的这种行为做出了讨论，同时也对这件事的结果众说纷纭，有的人认为他做得不对，也有的人认为他做对了。但是，农民却说："我当时在救人的时候，我什么都来不及想。洪水来的时候，妻子正在我身边，我抓住她就往高处

第四章　选择的智慧

游。当我返回时，母亲和孩子都被冲跑了。"

这个故事给了我们什么样的启示呢？这个故事告诉我们，只要我们对自己的选择做出了行动，我们就要无怨无悔，唯有如此，我们的生活才会过得开心、愉悦。

常常有人这样说："我已经非常的努力了，但是，我为什么没有成功呢，我的生活总是平凡，整天庸庸碌碌地过着。"

是的，也许你已经努力了，也许你已经付出了。但你应该想一想，为什么你的生活还是这样呢？是不是从开始的时候，你的选择方向就已经错位了，导致你付出了很多，结果还是没有成功。在这种情况下，只要你采取一种平常心去对待，生活也许就会是另外一番景象。

《老子》中说："祸往往与福同在，福中往往就潜伏着祸。"每个人都拥有潜力可以追求更高的成功，都有能力在自我发展及自我成就上突飞猛进，而认识选择并做出正确的选择，就是这一切的起点。

生活中的困难多于幸福，人生中的磨难多于享乐。

人不应在困难中倒下，而要努力在困难中挺起。因为当你重新做出选择的时候，你就会拥有一种连自己都不敢相信的力量，而这种力量会使你战胜困难，同时使你的人生像初升的太

阳一样，突破云层，升起在蔚蓝的天空中。

我们积聚起一种新的力量，重新面对世界。

面临危机，你必须做出选择，这如同你不会游泳却被人推到河里一样，除了学会游上岸让自己不至于被淹死，此外，别无生路。

有时候，选择使人痛苦，尤其是当被选择的对象对你具有同等吸引力的时候。

人生的悲哀，莫过于自己不能选择，或者不去选择。只有依靠自己的选择，才能掌握自己的命运；只有正确地选择，才有成功的人生。

不论人们明不明白，我们都应该认识到人不应该为表面的得到而沾沾自喜，认识人，认识事物，都应该认识他的根本。得也应得到真的东西，不要为虚假的东西所迷惑。失去固然可惜，但也要看失去的是什么，如果是自身的缺点、问题，这样的失又有什么值得惋惜的呢？如果我们觉得只能庸庸碌碌、随波逐流，这都是选择的结果：选择接受要来的事、选择让它发生、选择为安定而牺牲理想、选择让别人为自己来打算、选择仅仅日复一日地活着。

这一切都是我们应该考虑的问题！

第四章　选择的智慧

掌握选择的主动权

　　人不能掌握命运，却可以掌握选择。选择是把握人生命运最伟大的力量。谁掌握了选择的力量，谁就掌握了人生的命运。人生的任何努力都会有结果，但不一定有预期的结果。错误的选择往往使辛勤的努力付诸东流，甚至使人生招致灭顶之灾。只有正确地选择了，所付出的努力才会有美好的结果。或许连你自己都没有意识到这点，只有当你面临困境的时候，你才会发现这种潜在的力量。

　　不是有才能就一定能成功，世界上许多有才干的人并不是成功人士。这是因为他们没有选对发挥自己才干的舞台。如果

你想实现自己的人生价值，千万别忘了选择，因为只有选择才会给你的生命不断注入激情，因为只有选择才能使你拥有把握人生命运的伟大的力量，因为只有选择才能把你人生的美好梦想变成辉煌的现实。

我们选择了什么样的发展旅程，在这条旅程之中，我们就会看到不同的人生风景。例如，有的人选择做了影视明星，他们就可以感受到在娱乐圈中的生活，有的人选择了做企业家，他们就可以感受到"商场如战场"的人生境遇。另外，如果我们上升到理想的高度，我们也可以这么说，你选择了什么样的理想，你就会有实现这一理想的冲动。理想使人具有百折不挠的精神力量。然而当人实现这一理想的冲动受挫，就会感到痛苦。这样看来，在我们的人生历程中，选择的确是决定我们的发展历程。

苏格拉底曾经给他的学生们出了一道难题，让他们每个人沿着一拢麦田向前走去，不能回头，摘到一束麦穗，看能不能摘到最大最好的。

对苏格拉底的这道考题，答案不外乎有两种：一种是学生们根据自己平时的经验，先在自己的心里定下一个大体的标准，走上一段特别是在走过一半或2/3的路程后，遇见差不多的

第四章　选择的智慧

便摘下来。也许这就是最好的，也许后面还有比这更好的，但不能好高骛远，就这样"认了"。另一种答案是一直往前走，总觉得前面会有更好的麦穗。这时要么放弃选择，宁缺毋滥，要么委屈自己，凑合摘一束，而心里却万分懊悔。

这就是一种人生的选择，如果你有一个好的选择，你就能够找到人生的正确航向。

我有一位朋友，他曾经想参加福建省的一个社会职务，但是，在投票结束之后，他却被人抓住了一个把柄，这个把柄讲的是他在创业初期曾经赖过账、走过私；曾经开发过劣质产品骗过消费者。这对他的人生产生负面影响的威力是巨大的，只要人们充分利用这个证据，就可以使我这位朋友诚实、正直的形象蒙上一层阴影，使他在当地的影响力黯淡无光。一般人面对这类事的反应不外乎是极力否认，澄清自己，但我这位朋友而是做出了道歉，他很爽快地承认自己的确曾犯了一个很严重的错误，他说："我对于自己曾经做过的事情感到很抱歉。我是错的。我没有什么可以辩驳的。"当他这样对新闻记者说这样的话之后，记者们并没有大肆宣扬他的过去，而是充分地肯定了他的诚实，一位记者曾经这样写道："对于一位现在已经

拥有数十亿资产的企业家，他现在能够承认自己过去的错误，能够坦露出自己真实的一面，能够低下头向社会承认自己的错误，我们还有什么理由不去承认他的诚实与正直呢？所以，我要奉劝大家，对于一个能够承认自己过错的人，我们还要跟他没完没了吗？"

后来，这篇文章刊登之后，众多反对我这位朋友的对手开始对他投以信任，他们也认识到，如果自己还要对我这位朋友继续进攻，反而显得没有一点儿风度。所以，我们应记住一个基本原则：一个人既然已经承认错误了，那么你就不能再去攻击他，再去跟他计较。

所以，只要我们学会了选择，我们就会不会被他人所左右。

我还有一位朋友是云南省陆军学院学吹萨克斯的，有一次，他受云南军区的委托来到北京参加萨克斯表演，在表演前他对我说："从一开始的时候，我们就要对自己的人生做出选择，我们不要因为被其他人的观点而左右我们的发展，每个人都要有一个理想，并且要明白，这个理想是通过许多小的成功来完成的，是通过许多细节的进步来达到的。"

我这位朋友出生在云南的一个农村，从8岁时就开始学习

第四章　选择的智慧

音乐，随着年龄的增长，他对音乐的热情与日俱增。但不幸的是，他的听力却在渐渐地下降，医生们断定这是由于难以康复的神经损伤造成的，而且断定到20岁，他将彻底耳聋。可是，他对音乐的热爱却从未停止过。

尽管医生做出了这样的诊断，但他对自己的人生目标并没有失去信心，他认为只要自己做出了选择，就应该义无反顾地去实现自己的目标，哪怕前面是刀山与火海，也要去拼搏。于是他决定不会因为医生的一个诊断就耽误自己的人生目标，他要努力，要奋斗，要成为一名音乐家，于是他进入了云南陆军音乐学院学习。

后来，在学习的过程中，他以一种积极乐观的态度去面对生活，面对人生，也没有受自己到20岁就要耳聋的影响，他一如既往地追求着音乐。

在他刚踏入20岁的第一天，他到昆明人民医院进行了诊断，医生却告诉他，他的听力根本没有任何失听的现象，当他对医生说明了过去的一切后，医生却告诉他，正是他选择了积极的生活方式，他的耳朵已经好了。

得到这样的结论之后,他更加地努力,为致力于成为一位杰出的音乐家而努力。至今,他已经在音乐界获得了成功,因为他很早就下了决心,不能仅仅由于医生的诊断他会完全变聋而放弃追求,因为医生的诊断并不意味着他的热情和信心就会失去,他的听力也许会因为他有一个积极的人生态度而得到痊愈。

第四章 选择的智慧

选择正确的道路

谁甘愿度过平庸的一生？谁没有过美好的憧憬？人和植物、动物的区别，重要的一点恰恰在于人有自己的理想，有实现这一理想的冲动。理想使人具有百折不挠的精神力量。然而当人实现这一理想的冲动受挫，就会感到痛苦。统计一下就会发现，实现了自己理想的人并不少，而不成功例子的人才被常常引用，让人误以为理想太不容易实现。

美国前总统克林顿跟莱温斯基的那场"拉链门"风波也许仍在人们的记忆之中。我们可以想一想，当克林顿与莱温斯基的事情东窗事发时，克林顿若死不承认，也是一种选择。当着

全世界人的面，堂堂的美国总统承认自己的丑事，这是多让人难为情的事啊！但克林顿的聪明之处就在于，他采取了一种以退为进的策略，承认了自己的错误。

无独有偶，同样是美国总统，当年肯尼迪在竞选美国参议员的时候，他的竞选对手在最关键的时候轻易地抓到了他的一个把柄；肯尼迪在学生时代，曾因欺骗而被哈佛大学清退。这类事件在政治上的威力是巨大的，竞选对手只要充分利用这个证据，就可以让肯尼迪诚实、正直的形象蒙上一层阴影，使他的政治前途黯淡无光。一般人面对这类事的反应不外乎是极力否认，澄清自己，但肯尼迪很爽快地承认了自己的确曾犯了一项很严重的错误，他说："我对于自己曾经做过的事感到很抱歉。我是错的。我没有什么可以辩驳的。"

肯尼迪这么做，等于说"我已经放弃了所有的抵抗"，而对于一个已经放弃抵抗的人，你还要跟他没完没了吗？如果对手真的继续进攻了，反而显得对手没有一点风度。所以，我们应记住一个基本原则：一个人既然已经承认错误了，那么你就不能再去攻击他，再去跟他计较了。

这是在被动的情况下采用的以退为进的策略。在主动的情

第四章 选择的智慧

况下,由于彻底解决某个问题的时机没有完全成熟,也可以采用这种策略。

清朝康熙皇帝继位时年龄很小,功臣鳌拜掌握朝中大权,并想谋取皇位。康熙十分清楚鳌拜的野心,但他觉得自己根基未稳,准备还不充分,于是索性不问政事,整天与一帮哥们儿"游戏",以造成一种自己昏庸无能的假象。一次,康熙着便服同索额图一起去拜访鳌拜,鳌拜见皇帝突然来访,以为事情败露,伸手到炕上的被褥中摸出一把尖刀,被索额图一把抓住,直到这时,康熙仍装糊涂说:"这没什么,想我满人自古以来就有刀不离身的习惯,有何奇怪?"

康熙此举让鳌拜对他彻底放松了戒备,最后康熙等时机成熟时一举将其擒获,可以说是放出长线,钓上了大鱼。

1863年冬天的一个上午,凡尔纳刚吃过早饭,正准备到邮局去,突然听到一阵敲门声。

凡尔纳开门一看,原来是一个邮政工人。工人把一包鼓囊囊的邮件递到了凡尔纳的手里。

一看到这样的邮件,凡尔纳就预感到不妙。自从他几个月前把他的第一部科幻小说《乘气球五周记》寄到各出版社后,

收到这样的邮件已经是第14次了。他怀着忐忑不安的心情拆开一看，上面写道："凡尔纳先生：尊稿经我们审读后，不拟刊用，特此奉还。某某出版社。"

每次看到退稿信，凡尔纳都是心里一阵绞痛。这已经是第15次了，还是未被采用。凡尔纳深知，那些出版社的"老爷"们是如何看不起无名作者。他愤怒地发誓，从此再也不写了。他拿起手稿向壁炉走去，准备把这些稿子付之一炬。凡尔纳的妻子赶过来，一把抢过手稿紧紧抱在胸前。此时的凡尔纳余怒未息，说什么也要把稿子烧掉。他妻子急中生智，以满怀关切的口气安慰丈夫："亲爱的，不要灰心，再试一次吧，也许这次能交上好运的。"

听了这句话以后，凡尔纳抢夺手稿的手，慢慢放下了。他沉默了好一会儿，然后接受了妻子的劝告，又抱起这一大包手稿到第16家出版社去碰运气。这一次没有落空，读完手稿后，这家出版社立即决定出版此书。并与凡尔纳签订了20年的出书合同。如果没有他妻子的疏导，没有为梦想持之以恒的勇气，我们也许根本无法读到凡尔纳笔下那些脍炙人口的科幻故事，

第四章 选择的智慧

人类就会失去一笔极其珍贵的精神财富。

世界上的事情就是这样，成功需要坚持梦想，具备这种素质的人常常会创造出人间奇迹。弗洛伊德、拿破仑、贝多芬、凡·高，还有《吉尼斯世界大全》一书中所记载的诸多人物，不能不承认，正是所有这些大大小小的人物使我们这个世界变得有声有色。他们的性格中明显有着共同的点，即执着。他们执着地将他们热爱的某项事业推向极致，什么也阻止不了他们。

通向成功的路绝不止一条，不同的人可以选择不同的路，成功与否，往往不在于对道路的选择，而在于一旦选定了自己的路，便不再彷徨，而是坚定地走下去。所以，能否到达心中的目标，首先取决于对脚下道路的信任。

选择明确的目标

选择会产生某种震撼力,看过罗中立的《父亲》油画作品的人,可以从四川老农深深地皱纹中看到生活给人们带来的选择;看过军事战争题材的人能够从轰鸣和此起彼伏的爆炸声中感受到非自然的力量,从这个角度来说,选择是一种艺术感染力。

两个贫苦的猎人靠上山打猎为生。有一天,他们在山里发现两大包棉花,两人喜出望外,山里猎物不好打,而将这两包棉花卖掉,足可让家人一个月衣食无忧。当下两人各自背了一包棉花,便赶路回家。

走着走着,其中一名猎人眼尖,看到山路有着一大捆布,

第四章 选择的智慧

走近细看，竟是上等的细麻布，足足有十多匹之多。他欣喜之余，和同伴商量，一同放下肩负的棉花，改背麻布回家。

他的同伴却有不同的想法，认为自己背着棉花已走了一大段路，到了这里又丢下棉花，岂不枉费自己先前的辛苦，坚持不愿换麻布。先前发现麻布的猎人屡劝同伴不听，只得自己竭尽所能地背起麻布，继续前行。

又走了一段路后，背麻布的猎人望见林中闪闪发光，待近前一看，地上竟然散落着数坛黄金，心想这下真的发财了，赶忙邀同伴放下肩头的麻布及棉花，背起黄金。

他的同伴仍是那套不愿丢下棉花以免枉费辛苦的想法，并且怀疑那些黄金不是真的，劝他不要白费力气，免得到头来空欢喜一场。

发现黄金的猎人只好自己背了两坛黄金，和背棉花的伙伴赶路回家。走到山下时，无缘无故下了一场大雨，两人在空旷处被淋了个透。更不幸的是，背棉花的猎人肩上的大包棉花，吸饱了雨水，重得完全背不动，不得已，他只能丢下一路辛苦舍不得放弃的棉花，空着手和挑金的同伴回家去。

面对机会了人们常有许多不同的选择方式。有的人会单纯地接受，有的人抱持怀疑的态度，站在一旁观望；有的人则顽固得如同骡子一样，固执地不肯接受任何新的改变。而不同的选择，当然会导致迥异的结果。许多成功的契机，起初未必能让每个人都看得到深藏的潜力，但起初抉择的正确与否，往往就决定着成功与失败的分野。

在人生的每一个关键时刻，审慎地运用你的智慧，做最正确的判断，选择属于你的正确方向。同时别忘了随时检查自己选择的角度是否产生偏差，适时地加以调整，千万不能像背棉花的猎人一般，只凭一套哲学，便欲度过人生所有的阶段。

大学毕业后，是继续深造，还是参加工作？你需要选择。是留在父母身边，还是去异地发展？你需要选择。是留在国内深造，还是出国求学？你无时不在选择中！

生命是有限的，你无法实现所有的梦想，无法满足所有的欲望。所以我们必须做出各种选择，将我们有限的生命充分地利用起来，将有限的精力集中投入到自己最美好的人生奋斗目标中。这样，即使你会失去很多——那也是不可避免的——但你已为自己的人生目标奋斗过，才不算枉来此生。

生活中，如果你想过得比别人好，你就必须学会选择。具

第四章　选择的智慧

备这样的品质,那就是你对人生目标选择的明确性,知道自己需要什么,并且迫切渴望达到这一目的。对目标游移不定,只会让你前功尽弃、一无所获。

　　成功既不是全盘接受,也不是全盘放弃,而是在情况发生变化时能够及时修正自己的目标和行动。放掉无谓的固执,冷静地用开放的心胸去做正确抉择。每次正确无误的选择将指引你永远走在通往成功的坦途上。

选择正确的价值观

道义是抽象的,但它也有具体的选择体现。

道义的选择在于坚持原则,符合道德。做人有道,做事也有道。今做大事者,必须符合社会的基本道义,顺应时代基本潮流,这不仅是一个人的立身之本,而且是做事成功的关键。

不要以为自己了不起,不要认为自己现在有令人垂涎的待遇和足以自豪、炫耀的地位就可以目空一切,你的虚架子搭得越高,就可能摔得越重。

都柏公司是美国一家著名的制造企业,技术先进,实力雄厚,是业内的佼佼者。许多人毕业后到该公司求职遭拒绝,原

第四章　选择的智慧

因很简单，该公司的高技术人员爆满，不再需要各种高技术人才。但是令人垂涎的待遇和足以自豪、炫耀的地位仍然向那些有志的求职者闪烁着诱人的光环。

罗伯特和许多人的命运一样，在该公司每年一次的用人测试会上被拒绝申请，其实这时的用人测试会已经是徒有虚名了。罗伯特并没有死心，他发誓一定要进入都柏公司。于是他采取了一个特殊的策略——假装自己一无所长。他先找到公司人事部，提出为该公司无偿提供劳动力，请求公司分派给他工作，他将不计任何报酬来完成。公司起初觉得这简直不可思议，但考虑到不用任何花费，也用不着操心，于是便分派他去打扫车间里的废铁屑。

一年来，罗伯特勤勤恳恳地重复着这种简单却劳累的工作。为了糊口，下班后他还要去酒吧打工。这样虽然得到老板及工人们的好感，但是仍然没有一个人提到录用他的问题。

1990年初，公司的许多订单纷纷被退回，理由均是产品质量有问题，为此公司蒙受巨大的损失。公司董事会为了挽救颓势，紧急召开会议商议解决，当会议进行了一大半却尚未见眉

目时，罗伯特闯入会议室，提出要直接见总经理。

在会上，罗伯特把他对这一问题出现的原因做了令人信服的解释，并且就工程技术上的问题提出了自己的看法，随后拿出了自己对产品的改造设计图。这个设计非常先进，恰到好处地保留了原来机械的优点，同时克服了已出现的弊病。总经理及董事会的董事见到这个编外清洁工如此精明在行，便询问他的背景以及现状。罗伯特面对公司的最高决策者们，将自己的意图和盘托出，经董事会举手表决，罗伯特当即被聘为公司负责生产技术问题的副总经理。原来，罗伯特在做清扫工时，利用清扫工到处走动的特点，细心察看了整个公司各部门的生产情况，并一一做了详细记录，发现了所存在的技术性问题并想出解决的办法。为此，他花近一年的时间搞设计，做了大量的统计数据，为最后一展雄姿奠定了基础。

学习鹰的蜕变

胆识是人的智慧的结晶，而它是通过选择的状态表现出来的。

有胆识的选择在于果敢，坚定。做任何事情，都要尽最大努力、做最坏打算，这是勇敢者的办事哲学。当人们遇到挫折的时候，许多人往往感到前途渺茫，甚至心灰意冷，放弃努力。而那些天生不幸的人，却能够通过努力成为成功的人，幸福的人，相比之下，我们这些身体健康的人，是不是更应拿出勇气和力量去成就一番大业呢？

确实，美好的获得需要有一种敢于选择的代价，正如老鹰

的重生需要经历常人难以想象的蜕变过程一样，处在人生的十字路口上，需要我们正确地选择，更需要我们具有为赢得新生活而敢于冒险、敢于经受磨炼的勇气和毅力。

　　老鹰是世界上寿命最长的鸟类，它的寿命可达70岁。但是如果想要活那么久，它就必须在40岁时做出困难却重要的抉择。

　　当老鹰活到40岁时，它的爪子开始老化，不能够牢牢地抓住猎物；它的喙变得又长又弯，几乎能碰到它的胸膛；它的翅膀也会变得十分沉重，因为它的羽毛长得又浓又厚，使它在飞翔的时候十分吃力。在这个时候，它只有两种选择：等死，或者经过一个十分痛苦的过程来蜕变和更新，以便继续活下去。这是一个漫长的过程：它需要经过150天的漫长锤炼，而且必须很努力地飞到山顶，在悬崖的顶端筑巢，然后停留在那里不能飞翔。首先，它要做的是用它的喙不断地击打岩石，直到旧喙完全脱落，然后经过一个漫长的过程，静静地等候新的喙长出来。之后，还要经历更为痛苦的过程：用新长出的喙把旧指甲一根一根地拔出来，当新的指甲长出来后，它们再把旧的羽毛一根一根地拔掉，等待5个月后长出新的羽毛。这时候，老鹰才能重新开始飞翔，从此可以再过30年的岁月！

第四章　选择的智慧

对于老鹰来说，这无疑是一段痛苦的经历，但正是因为不愿在安逸中死去，正是对30年新生岁月的向往，正是对脱胎换骨后得以重新翱翔于天际的憧憬，燃起了它心中的勇气和决心。要想延长自己的生命，获得重生的机会，它选择了经受几个月的痛苦。我们不得不为老鹰的这种勇于改变的勇气所折服。

人生又何尝不是如此？面对癌症，是草草地结束自己的生命以免遭受肉体和精神的折磨，还是积极地治疗，创造生命的奇迹？陷入困境，是听天由命，等待命运的宣判，还是放手一搏，冒险寻求可能的转机？工作平淡无奇，碌碌无为，是安于现状，享受现有的安逸，还是勇于改变，寻求属于自己的一片天地？我们一定有过年前大扫除的经历吧。当你一箱又一箱地打包时，一定会很惊讶自己在过去短短一年内，竟然累积了这么多的东西。然后懊悔自己为何事前不花些时间整理，淘汰一些不再需要的东西，否则，今天就不会累得你连脊背都直不起来。大扫除的懊恼经验，让很多人懂得一个道理：人一定要随时清扫、淘汰不必要的东西，日后才不会变成沉重的负担。人生又何尝不是如此！在人生路上，每个人不都是在不断地累积东西吗？这些东西包括你的名誉、地位、财宝、亲情、人际关系、健康、知识等；另外，当然也包括烦恼、苦闷、挫折、沮

丧、压力等。这些东西，有的早该丢弃而未丢弃，有的则是早该储存而未储存。

在人生道路上，我们几乎随时随地都得做"清扫"。念书、出国、就业、结婚、离婚、生子、换工作、退休……每一次挫折，都迫使我们不得不"丢掉旧我，接纳新我"，把自己重新"扫"一遍。不过，有时候某些因素也会阻碍我们放手进行扫除。譬如，太忙、太累，或者担心扫完之后，必须面对一个未知的开始，而你又不能确定哪些是你想要的。万一现在丢掉的，将来又捡不回来，怎么办？的确，心灵清扫原本就是一种挣扎与奋斗的过程。不过，你可以告诉自己：每一次的清扫，并不表示这就是最后一次。而且，没有人规定你必须一次全部扫干净。你可以每次扫一点，但你至少应该丢弃那些会拖累你的东西。

人生需要选择，生命需要蜕变，每当面临困难和挫折，面临选择和放弃，我们都要有足够的勇气，清扫过去，改变自己，只有这样才能获得重生，才能创造另一个辉煌！

第四章 选择的智慧

时机需要选择

"时机"是个时空的概念,它的选择体现在最后一刻的坚持之中。

时机的选择在于在千钧一发时迅速到位。俗话说:"火候不到,效果不妙。"办事的时机选择是成功的关键,选择好有利的时机,大事就有了一半的成功机会。当然,时机不是碰来的,时机也不是等来的,它藏于事物发展的漫长忍耐之中,它躲在事物剧变的千钧一发之际,它是黎明到来前的一丝曙光,它是成功来到时的一声呐喊,记住,成功就在于最后一刻的坚持之中。

在生活中，我们难免会因为一些竞争而与对手针锋相对。矛盾也许不可避免，但是我们没有必要跟对手斗个你死我活，如果真的躲不过去，也不要跟对手硬拼，要懂得利用智慧和技巧，在方法上取胜。

聪明的人懂得在危险中保护自己，而愚蠢的人喜欢依靠蛮力，即便耗掉自己全部的精力也要与对手拼个高低，弄得自己没有回旋的余地。

一位搏击高手参加锦标赛，自以为一定可以夺得冠军。

但是在最后的决赛中，他遇到了一个实力相当的对手，双方竭尽全力出招攻击。当对打到了中途，搏击高手意识到，自己竟然找不到对方招式中的破绽，而对方的攻击却往往能够突破自己防守中的漏洞。搏击高手惨败在对方手下。他愤愤不平地找到自己的师父，将对方和他搏击的过程，再次演练给师父看，并请求师父帮他找出对方招式中的破绽。

师父笑而不语，在地上画了一条线，要他在不能擦掉这条线的情况下，设法让这条线变短。

搏击高手百思不得其解，怎么会有像师父所说的办法，能使地上的线变短呢？最后，他无可奈何地放弃了思考，转向师

第四章 选择的智慧

父请教。

师父在原先那道线的旁边，又画了一道更长的线。两者相比较，原先的那道线，看来变得短了许多。

师父开口道："夺得冠军的关键，不仅仅在于如何攻击对方的弱点，正如地上的长短线一样，只有你自己变得更强，对方就如原先的那条线一样，也就在相比之下变得较短了。如何使自己更强，根本是你需要苦练。"

在成功的道路上，在夺取冠军的道路上，有无数的坎坷与障碍需要我们去跨越、去征服。

人们通常走的有两条路：一条路是侧重攻击对手的薄弱环节。正如故事中的那位搏击高手，欲找出对方破绽，给予致命的一击，用最直接、最锐利的技术或技巧，快速解决问题。另一条路是全面增强自身实力。就是故事中那位师父所提供的方法，更注重在人格上、在知识上、在智慧上、在实力上使自己加倍地成长，变得更加成熟，更加强大，使许多问题不攻自破，迎刃而解。

不跟对手硬拼，是一种包容，也是一种智慧。绕开圈子，才能避开钉子。适当地给对手留有余地，也许可以将对方感

化，从而化僵持为友好。将敌人变成朋友，适当地给自己留有余地，你才有机会东山再起，才能把握住更多的机遇。

第四章　选择的智慧

积累出自选择

积累是人生的重要资本，它是需要凭着选择去增值的。

一位成功人士曾这么说："人生是一个积累的过程，你总会摔倒，即使跌倒了也要懂得抓一把沙子在手里。"记得一定要抓一把沙子在手里，只有这样才有摔倒的意义。

田中光夫曾在东京的一所中学当校工，尽管周薪只有50美元，但他十分满足，很认真地干了几十年。就在他快要退休时，新上任的校长以他"连字都不认识，却在校园里工作，太不可思议了"为理由，将他辞退了。

田中光夫恋恋不舍地离开了校园，像往常一样，他去为自

己的晚餐买半磅香肠。但快到山田太太的食品店门前时，他猛地一拍额头，他忘了，山田太太去世了，她的食品店也关门多日了。而不巧的是，附近街区竟然没第二家卖香肠的。忽然，一个念头在他幽闭的心田一闪，为什么我不自己开一家专卖香肠的小店呢？他很快拿出自己仅有的一点积蓄接手了山田太太的食品店，专门经营起香肠来。

因为田中光夫灵活多变的经营，五年后，他成了声名赫赫的熟食加工公司的总裁，他的香肠连锁店遍及了东京的大街小巷，并且是产、供、销"一条龙"服务，颇有名气的"田中光夫香肠制作技术学校"也应运而生。

一天，当年辞退他的校长得知这位著名的董事长只会写不多字，便十分敬佩地打电话称赞他："田中光夫先生，您没有受过正规的学校教育，却拥有如此成功的事业，实在是太了不起了。"

田中光夫却由衷地回答："那得感谢您当初辞退了我，让我摔了个跟头后，才认识到自己还能干更多的事，否则，我现在肯定还只是一位周薪50日元的校工。"

第四章　选择的智慧

跌倒并不可怕，关键在于我们如何面对跌倒。如果我们经受不住跌倒的打击，悲观沉沦，一蹶不振，那么跌倒就会变成我们前进的障碍和精神的负荷。如果我们将跌倒看成是一笔精神财富，把跌倒的痛苦化作前进的动力，那么跌倒便是一种收获。

瑞典电影大师英格玛·伯格曼是最具影响力的电影导演之一，他也曾重重地跌倒过。

1947年，电影《开往印度的船》杀青后，出道不久的伯格曼自我感觉棒极了，认定这是一部杰作，"不准剪掉其中任何一尺"，甚至连试映都没有就匆忙首映。结果可想而知，拷贝出了重大灾情，糟透了！伯格曼在酒会上喝得不省人事，次日在一幢公寓的台阶上醒来，看着报纸上的影评，惨不忍睹。

也就在此时，他的朋友笑容可掬，点到为止地说了一句话。朋友说："明天照样会有报纸"。

此话给伯格曼深深的安慰。明天照样会有报纸，冷言讥语很快都会过去的，你应该争取在明天的报纸上写下最新最美的内容。伯格曼是幸运的，在他失败的关口，朋友没有喝倒彩，而是用富有哲理而幽默风趣的话给他独到的慰藉力量。

伯格曼从失败中吸取教训，在下一部电影的制作中，只要

有空就去录音部门和冲印厂，学会了与录音、冲片、印片有关的一切，还学会了关于摄影机与镜头的知识。从此再也没有技术人员可以唬住他，他可以随心所欲地达到自己想要的效果。一代电影大师就这样成长起来了。

　　有时，我们虽然没有收获胜利，但我们收获到了经验和教训，失败让我们真正了解了世界，失败也让我们重新认识了自己。失败虽然给我们带来了痛苦和悲伤，但失败也给我们带来了深刻的反思和启迪。

　　在日益激烈的竞争压力下，公司每天都在面对着新的变化，每天都可能出现新的危机，如果一个公司不能积极应变，解决危机，将是很难立足于市场的，危机不仅会突如其来地降临在一家公司的身上，同样地，个人每时每刻也可能有潜在的危机出现。人生有高潮，也就会有低潮。有时候危机会成为一种打击，将你击倒在地，但是你千万不能就此一蹶不振。相反，你应该勇敢地站起来，因为当你站起来之后，你会发现危机已经走远。如果你站不起来的话，危机将永远压在你的身上。危机就像是闪电。它可以将你一时击晕，使你昏迷在地，但是醒来之后，你已可以顶天立地，而这时雷电早已消散无踪。

　　跌倒了也要抓一把沙子的人，便领会了重新站起走向成功的

第四章　选择的智慧

真谛。

积累的选择在于坚持，永不放弃。涓涓细流，汇成江海；千里之行，始于足下；做人办事，学识与经验的积累是重要的资本。要造就这些资本，你必须集中精力、毫不懈怠、长年累月地努力才行。趁年轻时把握机会，努力学习吧，你的未来将因此而改变。

第五章

选择快乐

第五章　选择快乐

快乐是一种感觉

　　快乐是什么？快乐是一种感觉，不同的人有不同的快乐。如果一个人能够做到顺其自然，率性而为地生活着，那么，快乐就会不期而至，他就会感受到身心的愉悦是一种快乐，情绪的欢畅也是一种快乐。这正如德国哲学家尼采所说："生活的意义，便是把人生中各种遭遇化为火光。"这就是说，无论我们身处什么样的环境，我们都要认识到，即使我们突然遭遇到了灾难或挫折，不妨把它看成一场雷电交加的狂风暴雨，哪怕当时感到惊慌无措，痛苦难当，但也不能失去对生活的希望。

　　根据一项研究发现，尽管每个人的生活背景及成长环境

不同，但是，人人皆有相同的快乐，只是享受快乐的方法不同而已。

《百年孤寂》一书作者马尔克斯曾说："快乐虽是目前已不风行的情感，我要尝试把快乐重新推动起来，使之风行，成为人类的一个典范。"那么，我们怎样才能做到这一点呢？我们不妨来看一个故事。

有一个百万富翁，每天在上午11点的时候，他的司机就会驾驶着一辆豪华轿车穿过纽约市的中心去公司。但是，坐在车里的百万富翁注意到：每天上午都有位衣着破烂的人坐在公园的凳子上死死盯着他住的旅馆。百万富翁对此产生了极大的兴趣，他要求司机停下车并径直走到那人的面前说："请原谅，我真不明白你为什么每天上午都盯着我住的旅馆看。"

"先生"，这个人答道，"我没钱，没家，没住宅，我只得睡在这长凳上。不过，每天晚上我都梦到住进了那所旅馆。"

百万富翁灵机一动，洋洋得意地说："今晚你一定能梦想成真。我将为你在旅馆租一间最好的房间并付一个月房费。"

几天后，百万富翁路过这个人的房间，想打听一下他是否对此感到满意。然而，出乎他的意料，这人已经搬出了旅馆，

第五章 选择快乐

重新回到公园的凳子上。

当百万富翁问这人为什么要这样做时,他答道:"一旦我睡在凳子上,我就梦见我睡在那所豪华的旅馆,真是妙不可言;一旦我睡在旅馆里,我就梦见我又回到了硬邦邦的凳子上,这梦真是可怕极了,以致完全影响了我的睡眠。"

快乐是一个人的心境,只有自己才是一切快乐的源泉,每个人若能有这样的认知,就愈能使自己幸福。其他所有的幸福,本质上都是不确定和不稳定的,只有我们在人生的每个阶段里,不断地努力拼搏,我们才能感受到自己才是唯一能够发掘幸福源泉的人。从这个理论出发,不管我们做什么事,都要把追求快乐的心摆在最前面。

然而,人类历史发展到现在,我们对物质生活的重视远远超过对自身精神和社会哲学的重视,导致了一些社会问题日益严重。德国哲学家黑格尔曾说:"生活中的我们必须重视精神因素的作用,否则会受到应有的处罚。"

我们究竟如何才能愉快地度过自己的一生呢?面笑心苦不是快乐,强作欢颜也不是快乐,快乐地生活并不是说我们的一生时时刻刻都在快乐,我们的生活中同样会存在着痛苦与烦恼,尤其是在面对一些困境的时候,也有心里的阴云,只是经

过短暂的积淀之后，我们立刻变得乐观积极起来。这样，我们仍然能够从生活中得到快乐，并以它的力量来克服一切。

　　获得真正快乐的人生并不是几个幽默的故事、几句哲理名言就能达到，更多的时候，需要我们有一个愉快的心境。因为快乐与否，主要取决于心，只有我们心中觉得快乐，我们才是真正快乐的。

第五章　选择快乐

量需而行，量力而行

　　人生的学问，其实就是"量需而行，量力而行"。要想获得快乐的人生，你最好不要一味地行色匆匆，不妨停下脚步，暂时休息一会儿，想一想自己需要什么，需要多少。想一想有没有这样的情况：有些东西明明是需要的，你却误以为自己不需要；有些东西明明不需要，你却误以为自己需要；有些东西明明需要得不多，你却误以为需要很多；有些东西明明需要很多，你却误以为需要极少……一张地图，一次人生，二者何其像也！

一个对生活极度厌倦的绝望少女,她打算以投湖的方式自杀。在湖边她遇到了一位正在写生的画家,画家专心致志地画着一幅画。少女厌恶极了,她鄙薄地睨了画家一眼,心想:幼稚,那鬼一样狰狞的山有什么好画的!那坟场一样荒废的湖有什么好画的!画家似乎注意到了少女的存在和情绪。他依然专心致志、神情怡然地画,一会儿,他说:"姑娘,来看看画吧。"她走过去,傲慢地睨视着画家和画家手里的画。少女被吸引了,竟然将自杀的事忘得一干二净,她真是没发现过世界上还有那样美丽的画面——他将"坟场一样"的湖面画成了天上的宫殿,将"鬼一样狰狞"的山画成了美丽的、长着翅膀的女人,最后将这幅画命名为"生活"。

少女的身体在变轻,在飘浮,她感到自己就是那袅袅婀娜的云……良久,画家突然挥笔在这幅美丽的画上点了一些麻乱的黑点,似污泥,又像蚊蝇。少女惊喜地说:"是星辰和花瓣!"

画家满意地笑了:"是啊,美丽的生活是需要我们自己用心去发现的呀!"

《我希望能看见》一书的作者彼纪儿·戴尔是一个近乎失明的女人,她写道:"我只有一只眼睛,而眼睛上还满是疤

第五章 选择快乐

痕,只能透过眼睛左边的一个小洞去看。看书的时候必须把书本拿得很贴近脸,而且不得不把我那一只眼睛尽量往左边斜过去。"可是她拒绝接受别人的怜悯,不愿意别人认为她"异于常人"。

小时候,她想和其他的小孩子一起玩跳房子,可是她看不见地上所画的线,所以在其他的孩子都回家以后,她就趴在地上,把眼睛贴在线上瞄过去瞄过来。她把她的朋友所玩的那块地方的每一点都牢记在心,不久就成为玩游戏的好手了。她在家里看书,把印着大字的书靠近她的脸,近到眼睫毛都碰到书本上。她得到两个学位:先在明尼苏达州立大学得到学士学位,再在哥伦比亚大学得到硕士学位。

她开始教书的时候,是在明尼苏达州双谷的一个小村里,然后渐渐升到南德可塔州奥格塔那学院的新闻学和文学教授。她在那里教了13年,也在很多妇女俱乐部发表演说,还在电台主持谈书和作者的节目。她写道:"在我的脑海深处,常常怀着一种怕完全失明的恐惧,为了克服这种恐惧,我对生活采取了一种很快活而近乎戏谑的态度。"

然而在她52岁的时候，一个奇迹发生了。她在著名的梅育诊所施行了一次手术，使她的视力提高了40倍。一个全新的、令人兴奋的、可爱的世界展现在她的眼前。她发现，即使是在厨房水槽前洗碟子，也让她觉得非常开心。她写道："我开始玩着洗碗盆里的肥皂泡沫，我把手伸进去，抓起一大把肥皂泡沫，我把它们迎着光举起来。在每一个肥皂泡沫里，我都能看到一道小小彩虹闪出来的明亮色彩。"

当我们去审视和扣问自己的心灵，能否像彼纪儿·戴尔那样在肥皂泡沫中看到彩虹？生活中的阴云和不测，不知会使多少人活在自怨自艾的边缘，许多人早已习惯了用抱怨和悲伤去迎接生命的各种遭遇，由于自身内心世界的阴晦，使得原本明朗的生活变得泥泞而毫无希望。想想像彼纪儿·戴尔这样的人吧！也许我们可以在她们身上学到点什么。

用心去感受你眼中的可爱世界吧，阳光下洗碗盆的肥皂泡沫都是五彩缤纷的。生活的美与丑，全在我们自己怎么看，如果你将心中的丑陋和阴暗面彻底放下，然后选择一种积极的心态，懂得用心去体会生活，就会发现，生活处处都美丽动人。

对善于享受简单和快乐的人来说，人生的心态只在于进退

第五章　选择快乐

适时、取舍得当。因为生活本身即是一种悖论：一方面，它让我们依恋生活的馈赠；另一方面，又注定了我们对这些礼物最终的舍弃。正如先师们所说：人生在世，紧握拳头而来，平摊两手而去。有一位住在深山里的农民，经常感到环境艰险，难以生活，于是便四处寻找致富的好方法。有追求，就会有发展。

选择快乐的态度

美国最出名的推销专家克莱门特·斯通曾经说过："你对自己的态度，可以决定你的快乐与悲哀。如果你把自己看成弱者、失败者，你将郁郁寡欢，你的人生也不会有太大的作为；如果你把自己看成强者，成功者，你将快乐无比。"克莱门特·斯通在讲述该如何乐观地生活时，讲了一个故事：

有一次，听说来了一个乐观者，于是，我去拜访他。他乐呵呵地请我坐下，笑嘻嘻地听我提问。

"假如你一个朋友也没有，你还会高兴吗？"我问。

"当然，我会高兴地想，幸亏我没有的是朋友，而不是我

第五章　选择快乐

自己。"

"假如你正行走间,突然掉进一个泥坑,出来后你成了一个脏兮兮的泥人,你还会高兴吗?"

"当然,我会高兴地想,幸亏掉进的是一个泥坑,而不是无底洞。"

"假如你被人莫名其妙地打了一顿,你还会高兴吗?"

"当然,我会高兴地想,幸亏我只是被打了一顿,而没有被他们杀害。"

"假如你在拔牙时,医生错拔了你的好牙而留下了坏牙,你还高兴吗?"

"当然,我会高兴地想,幸亏他错拔了只是一颗牙,而不是我的内脏。"

"假如你正在瞌睡着,忽然来了一个人,在你面前用极难听的嗓门唱歌,你还高兴吗?"

"当然,我会高兴地想,幸亏在这里号叫着的是一个人,而不是一匹狼。"

"假如你的妻子背叛了你,你还会高兴吗?"

"当然,我会高兴地想,幸亏她背叛的只是我,而不是国家。"

"假如你马上就要失去生命,你还会高兴吗?"

"当然,我会高兴地想,我终于高高兴兴地走完了人生之路,让我随着死神,高高兴兴地去参加另一个宴会吧。"

对于乐观者来说,生活中根本没有什么令人痛苦的,他们的生活永远是快乐。这正如纪伯伦说:"你欢笑所升起的井里,往往充满了你的眼泪。悲伤在你心里刻画得愈深,你就能包容更多的快乐,你快乐的时候,好好洞察你的内心吧!你就会发现曾经令你悲伤的,也就是曾经令你快乐的因素,其实令你哭泣的,也就是曾经给你快乐的。"只要你用心,你就会在生活中发现和找到快乐。而痛苦往往是不请自来,而快乐和幸福往往需要人们去发现,去寻找。

快乐的人都会说,我们是可以快乐的,只要我们希望自己快乐。那么,我们如何才能找到自己的快乐呢?这其实并不难,只要我们认识到悲伤和快乐是密不可分的,悲伤和欢乐也常常是一起到的。不管我们现在拥有快乐比较多,还是拥有悲伤比较多,我们都要感受到快乐与悲伤往往就是一线之隔而已。

我们生活在这个世界上,都是为了追求自己的幸福和快乐。我们只要过好属于我们的每一天,用心感受生活中的一点

第五章　选择快乐

一滴,从每一件平常的小事中寻求快乐,我们的生活就一定能更加充实快乐。快乐的过程,往往与我们的心境有关,我们每个人都有自己的情绪波动,但只要遇事学会摆正自己的心态,自己总往乐观的一面去想去做,就会带给我们积极而有成效的结果。

快乐是我们自己心境的选择,当我们勇于选择快乐时,悲伤就会自动地远离我们。但令人困惑的是,很多人都选择了不幸、沮丧和愤怒,他们并没有选择快乐,在他们看来,快乐并不是在获得我们需要的东西之后发生的什么事,而通常是在我们选择快乐之后我们会获得的东西。无惧地面对生命带给我们的考验,接受大自然法则,勇于搜寻和发问,在我们灵魂中保持宁静和信心,这些都是造成快乐的信念之一。

有一对双胞胎,外表酷似,禀性却迥然不同。若一个觉得太热,另一个就会觉得太冷。若一个说电视声音太大,另一个则会说根本听不到。一个是绝对极端的乐观主义者,而另一个则是不可救药的悲观主义者。

为了改变兄弟俩的性格,他们的父亲在他们过生日的那天,在悲观的儿子的房里堆满了各种新奇的玩具及电子游戏机,而在乐观的儿子的房里则堆满了马粪。

晚上,他们的父亲走过悲观儿子的房间,发现他正坐在一堆玩具中间伤心地哭泣。

"儿子呀,你为什么哭呢?"父亲问道。

"我的朋友们都会妒忌我,而且我还要读那么多的使用说明才能玩,另外,这些玩具总是不停地要换电池,而且最后全都会坏掉的!"

走过乐观儿子的房间,父亲发现他正在马粪堆里快活地手舞足蹈。

"咦,你高兴什么呀?"父亲问道。

这位乐观的小儿子回答说:"我能不高兴吗?附近肯定会有匹小马!"

快乐不是来自外界的侵扰,而是自己的一种主观感受,是一种快乐的心理感觉。

著名足球教练米卢说:"态度决定一切。"要活得快乐,就要学会改变态度。我们永远无法改变世界的客观存在,但改变态度的按钮,却时刻掌握在我们自己的手中。如果你痛苦了,悲观了,赶快按一下那个叫态度的按钮吧,就在你松手的瞬间,也许一切都会悄悄改变!

第五章 选择快乐

谁最快乐

究竟什么样的人才是最快乐的人,是国王?首相?议员?或者是腰缠万贯的大富翁?答案都不是。快乐与地位和名气无关,它属于那些为生活辛勤付出的人们。

我们的人生很大一部分时光都在工作中度过,人生的快乐与安慰,来自于工作的勤奋努力。

在工作中,我们要培养自己的乐观精神,对工作充满信心和热忱。一个全天致力于自己工作的人,他会由衷地体会到工作的快乐,这样,能使工作中的难题在我们面前迎刃而解。其实,我们享受工作乐趣的方法很多。如果不能从工作中体会出

一点乐趣来，就枉为自己的工作。古今中外的艺术家、音乐家或各种杰出人物没有一个不以工作为乐趣的。

所以，工作中的我们一定要找到我们所喜欢且擅长的，并为之赋予我们的激情。只有我们这样做了，我们才能在工作中体现出自己的价值。

自己要想快乐，必须对未来充满渴望和想象。

在打击和不幸面前，希望使我们的心理承受能力得到增强，使我们能够一往无前地顽强拼搏，才能使我们凡事都往好处想。

每个人都必须面对这样一个奇怪的事实：在我们这个世界上，成功卓越的少，失败平庸的多。成功的人越是活得充实、自在、潇洒，失败平庸的人就越是过得空虚、艰难、猥琐。

要想自己快乐，心中一定要充满无私、不计报酬的爱心。

这让我想起了约翰·洛克菲勒，正逢他事业巅峰、财源滚滚的时候，他的个人世界却崩溃了，标准石油公司也一直灾祸不断——与铁路公司的诉讼、对手的打击等。遭他无情打击的对手，没有一个不想把他吊在苹果树下。威胁要他性命的信件如雪片般飞入他的办公室。

后来他终于退休了，他开始学习打高尔夫球，从事园艺，

第五章　选择快乐

与邻居聊天、玩牌，甚至唱歌。他开始想到别人，不再只想着如何赚钱，而开始思考如何用钱去为人类造福。总而言之，洛克菲勒开始把他的亿万财富散播出去……于是，洛克菲勒开心了，他彻底改变了自己，使自己成为毫无忧虑的人。

洛克菲勒给慈善业带来了一场革命。在他之前，捐赠人往往只是资助自己喜爱的团体，或者馈赠几幢房子，上面刻着他们的名字以显示其品行高尚，而洛克菲勒则致力于建立一个更加科学、更加规范的慈善体系。

洛克菲勒最后留给家族的不仅仅是一个财富上的传承，他对慈善事业的这种全心地倾注，使洛克菲勒的一生创造了许多的奇迹，但真正的也最震撼人心的，当属他"死于53岁"又活到98岁，多活了45年的生命奇迹！捐赠给他带来了快乐，也使慈善事业成为整个洛克菲勒家族的传统，并得以继承和延续开来。

快乐就是要有助人为乐的能力。

拉布吕耶尔曾经说过："最好的满足就是给别人以满足"。著名作家狄更斯也说过："世界上能为别人减轻负担的都不是庸庸碌碌之徒。"帮助别人可以使我们赢得友谊，可以给我们自己带来快乐，朋友之间更是这样，当然，助人为乐并

不是要献出生命，而是一种自然地流露。

当别人处于困境的时候，我们要学会关心和体贴他人，能主动地去帮助别人，以助人为乐，这也是人际交往中的一种高尚的行为。人的生活本来就是酸辣苦咸的，但做人的情操和理念却是我们需要时刻把握的。

助人为乐是社会的一大美德，你在帮助别人的同时，也同时帮助了自己，让自己快乐和充实。甚至一些研究人员认为，养成助人为乐的习惯是预防和治疗忧郁症的良方。这其实是一种双赢，我们又何乐而不为呢。

快乐格外垂青助人为乐的人，奉献带来快乐。

第五章　选择快乐

付出是一种快乐

　　生活有付出就有快乐，付出与快乐好像一对孪生姐妹：没有付出，就没有快乐，反言之，要想获得快乐，就必须得去付出。

　　在美国的街头，有一个叫作兰迪·麦克理的人，那是一个六七十岁的老人，披肩长发灰白零毛，衣服乌一块紫一块，在人行道上向路人乞讨，他面带微笑，他的微笑是真诚和令人愉快的。

　　一天下午，来了一位小姑娘，小姑娘走近他，伸手将一个东西放到兰迪的手心里。一刹那，兰迪喜笑颜开。只见他也伸手从口袋中掏出什么放进小姑娘的手心里。小姑娘快乐地向她

的父母跑去。

　　为什么小姑娘一下子变得那么快乐呢？很简单，其实就是一枚硬币。小姑娘走过来给了兰迪一枚硬币，而他反过来送给小姑娘两枚硬币。兰迪·麦克理只是想教会她："如果你慷慨大方，你所收获的总会比他付出的多。"

　　这是《读者》曾经发表的一篇文章，这不仅仅只是对小姑娘说，更是对我们世人来说的，意思是，当一个人处于困境时，只要你付出那一点点力所能及的力量，得到的回报是自己付出过程所得到的乐趣，同时，受帮助的人更感到快乐，这也是对世间爱心的美好回报。

　　一个能为别人付出的人，一个勇于担当的人，也会因为自己的高尚行为而感到自豪，它也是一种快乐和幸福，你会因此而不觉得自己的付出是一种压力，你会进步得更快。你会发现这是一种双向的平衡，或者我们得到的比付出的会更多。

　　并不是每一个人都能认识到付出的精神内涵，人们需要在不断的改变中寻求到一种最佳的理解方式，需要在不断的探寻中理解付出的全部意义。许多人都会抱怨自己的付出与回报不平衡，我想，这可能就是人们把物质的东西看得太重了，而忽略了精神上的得到，甚至有人根本就没想到过这一点，所以他

第五章　选择快乐

们才抱怨，才不愿意付出。

　　1858年，瑞典的一个富豪人家生下了一个女儿。然而不久，孩子染患了一种无法解释的瘫痪症，丧失了走路的能力。

　　一次，女孩和家人一起乘船旅行。船长的太太给孩子讲船长有一只天堂鸟，她被这位太太的描述迷住了，极想亲自看一看这只鸟。于是保姆把孩子留在甲板上，自己去找船长。孩子耐不住性子等待，她要求船上的服务生立即带她去看天堂鸟。那服务生并不知道她的腿不能走路，而只顾带着她一道去看那只美丽的小鸟。奇迹发生了，孩子因为过度地渴望，竟忘我地拉住服务生的手，慢慢地走了起来。从此，孩子的病便痊愈了。女孩长大后，又忘我地投入到文学创作中，最后成为第一位荣获诺贝尔文学奖的女性，她就是茜尔玛·拉格萝芙。

　　付出是可以累积的，付出并不是要你做出多大的牺牲。如果你抱着下坡的想法爬山，便无法爬上山去。如果你的世界沉闷而无望，那是因为你自己沉闷无望。改变你的世界，必先改变你自己的心态。如果你能以付出为乐，那么我们有理由相信，你一定会做得更好！

选择好心情

我们快乐与否，与自己的心情有关，心情好的时候，我们自然就会感到快乐，我们的心情是可以选择的，我们何不选择好心情让自己多快乐一点儿呢。

祸兮福所倚，福兮祸所伏。在挫折、不幸、灾难或厄运降临的时候，我们务必要保持乐观精神，而不能被悲观的心态所俘虏。我们左右不了外部的世界，但是，我们可以把握自己的心态。只有我们把握了自己的心态，才能拥有一个美丽而安宁的精神世界。古希腊哲学家艾皮克蒂塔有句名言："一个人的快乐与幸福，不是来自于依赖，而是来自对外界运行规律的追求。"

第五章　选择快乐

一个乐观者，尽量把烦恼和忧愁从自己的心中排除出去，这样就可以做到每一分钟都过得有意义、有价值。

乐观的人常常自我感觉良好，对失败有点可贵的"马大哈"精神。你对事的态度，可以决定你是否快乐。抛弃悲观消极的情绪，选择积极乐观的心态，才能做快乐的主人。

一个人要想过得快乐，最主要的是有一种快乐的心境。一个人有了这种美好的心境，成功时就不会得意忘形，失败时也不会痛苦失态。如果我们用这种平和的心境来对待生活，那么我们做每一件事，都会形成一种自觉、一种快乐，就不会觉得那么累了。

在生活中，我们会感受到刺激，有的人认为昂贵的居室、颇高的收入等是刺激快乐的反应，美好的爱情也是刺激快乐的反应。其实不然，快乐是一种选择。这种选择便是一种刺激，"因为我快乐，所以在任何事上都会有成功之处；因为我快乐，就能很好地爱护拥护周围的一切；因为我快乐，就会拥有并感受着自然的温暖；因为我快乐，就会……"

快乐是对我们生活中每天做的事情的有意义的选择，因为某些我们不知道的原因，许多人选择了痛苦、沮丧、灰心做伴。快乐不是因为我们得到了什么才会出现，而是我们选择了

快乐，才会得到想要的东西。

亲爱的朋友，为自己制定一个享受快乐的法则吧！珍惜每一天的阳光，每一个好日子，欢乐女神将会对你宠爱有加，经常光顾你的心灵小屋，敞开你的心扉迎接快乐吧，你的将来会更加绚丽多彩。

学着做个快乐的人，可以从以下几个方面着手：

1. 别盯住事情的消极面

别总是对自己说："我真倒霉，总被人家曲解、欺负。"把注意力盯在与别人友好和善上，把愉快、向上的事串联起来，由一件想到另一件，你就可以逐步排遣自怨自艾或怨天尤人的情绪。

2. 不要制造人际隔阂

别人在背后说自己的坏话，或者轻视、怠慢自己，想想不是滋味，故以眼还眼，以牙还牙，结果你又多了一个人际屏障，多了一个生活的死对头，那当然也使你整日诚惶诚恐，不知他在背后又要搞什么。

3. 学会躲避挫折

遇到情绪扭不过来的时候，不妨暂时回避一下，转换转换情绪。只要一曲音乐，便会将你带到梦想的世界。如果你能跟随欢乐的歌曲哼起来,手脚拍打起来,无疑你的心灵会与音乐融化在纯净之中。

4. 切勿过于挑剔

大凡乐观的人往往是憨厚的人,而愁容满面的人,总是那些不够宽容的人。他们看不惯社会上的一切,希望人世间的一切都符合自己的理想模式,这才感到顺心。生活的乐趣需要自己去体验,懂得享受生活乐趣的人才是真正会生活的人。

快乐的智慧

快乐是一个简单而又高深的话题,有的人只看到了表面上的嘻嘻……哈哈,却没有看到或意识到快乐的真谛,其实,快乐既普通又神秘,只有智者才能彻底地享受到它。

每个人都希望自己活得快乐一点儿,但这又是非常难以做到的,如果你想做到的话,就去尝试下面十种快乐的智慧吧。

1.分享

人是一种高等群居动物,就自然离不开同别人打交道,现在的人们没有一个人会孤立地存在,学会和各种各样的人的亲密,可以带给我们很多智慧。比如,亲人之间的亲密关系会使

第五章　选择快乐

我们感到快乐；朋友之间浓浓友情会使我们感到快乐；和同事们在一起为了同一个发展目标而感到同业的快乐。

分享问题，分享成果，分享快乐，则使我们变得快乐。

2.信心

自信的人有一种对事物胸有成竹的把握感，有一种志在必得的满足感，信心让我们直达真理的方向，而无暇顾及其他的消极因素，恐惧和焦虑都不会沾边。

3.态度

态度具有很大的力量。快乐是我们的一种心态选择，我们可以在任一时间、任一地点和任一状况做出快乐的选择，就好像任何事物都可以以一种积极的心态去对待。所以，如果知道了这一点，我们就应该从任一件事物身上寻找到快乐。当我们做事遇到阻力时，我们应积极地找到它的一些积极因素，并想出能解决其事的方法。以后，我们的心定会充满感激，我们也将以快乐充满自己的思想，因此，我们就可以控制自己的快乐。

4.现在

过去的生活对于我们来说，已是明日黄花，过得是好是坏已不重要，重要的是要抓住属于我们的今天，过去是失落不悲伤，过去是辉煌也不沾沾自喜。对于我们最有意义的时光是

现在，我们只要在现在活得快乐就可以了，快乐不是必须要花几年、几月、几天得来的，它是今天的日子里可以找到的，所以，我们要想获得一个完美人生，那就要好好地珍惜现在，快乐地过好每一个"现在"就可以了。现在可以让我们忘记过去的一切恩恩怨怨，让我们全副精力快乐地拥抱未来。

对于我们来说，每天都是新的开始，新的生活。

5.运动

运动可以使大脑得到休息，让我们缓解压力，并能释放出一种使我们快乐的化学物质"内啡呔"。小孩也是这样，他们有句名言：不玩耍，聪明的孩子也变傻。

所以，我们要在吃饭、工作的间隙，最好能运动一下，可以让我们保持持久的精力。让我们的大脑分泌多一些的"内啡呔"。

6.目标

有目标的人就是有了希望的人，为了自己的希望会把自己的注意力全部集中到自己要做的目标上，在追求中充满喜悦，目标让我们在早晨有了早起的动力，目标让我们的生活充实而有意义起来。

7.幽默

幽默就像润滑剂，可以缓解我们的紧张，舒解我们的各种

第五章　选择快乐

压力,让我们享受创造快乐的感觉。俗话说,一笑解千愁。幽默也是这样,幽默可以使所有的不快化作一阵风飘然而去,在幽默的趣味中,能让我们找到好的处理问题的方法,然后解决它。

8.宽容

如果我们对别人宽容一些,我们就会站在别人的角度上考虑问题,能够理解别人,理解别人的缺陷。我们就不会有不满和恨意,就能做到大风大浪也有平衡的心理,宽恕自己,宽恕别人,我们心里就会开朗快乐得多。

9.付出

与生俱来的万贯家财,并不能让你得到快乐,要学会帮助他人,给他人以方便,我们就会从给予中得到快乐,所以,通常我们要找机会帮助别人,为别人付出,让别人把问题解决,我们也感到快乐。

10.知足

快乐与否与财富无关,我们在生活中要懂得知足,不要成为生活的奴隶,不为财富所累,财富只是我们的身外之物,这样,我们就能活得快乐一些。

让快乐成为一种习惯

英国著名诗人罗伯特·路易斯·史蒂文森说:"快乐的习惯使一个人不受——至少在很大程度上不受外在条件的支配。"如果你想每天得到快乐,就不能责怪你的太太治家无方,也不能拿她和你母亲做不利的比较。相反,你要经常赞美她把家治理得井井有条,而且要公开表示你很幸运,娶了一个既有内在美又有外在美的女人,甚至当她把牛排煎得像羊皮、面包烤得像黑炭时,也不要抱怨,只说这些东西做得没有她平常的那么完美就行了,她就会在厨房里拼命努力,以便达到你所期望的程度。当然,不要突然开始这么做,否则她会怀疑

第五章　选择快乐

的。你可以从今天晚上或明天晚上开始，买一束花或一盒巧克力，多说些贴心关切的话，多对她温柔地微笑……如果每对夫妻都能这么做的话，世间还会有这么多的离婚悲剧发生吗？

心理学家加贝尔博士说："快乐纯粹是内在的，它不是由于客体，而是由于观念、思想和态度而产生的。不论环境如何，个人的活动能够发展和指导这些观念、思想和态度。"对于这个世界，没有人会感到百分之百的满意，也不会百分之百地感到快乐。英国作家萧伯纳说过："如果我们觉得不幸，可能会永远不幸。"特别是外部环境，每个人都有无限的物欲。如果我们学会感恩，对生活中的一切怀有感恩的态度，我们就要凭借脑袋和利用意志尽可能地去想和做一些快乐的事，对于生活中令人不痛快的琐碎小事和不和谐的气氛就像蛛丝一样轻轻抹掉，从而使我们迅速地快乐起来。

对于生活中的一些小事，动辄就苦闷烦恼，主要与一个人性格有关，是因为养成了忧愁的习惯所致，这种习惯性的烦恼大多是因为我们太敏感所致，会认为它有损于我们的自尊心所致。比如，有一些人说话时会对别人插嘴而感到不快，一些人会因为请别人，而别人却没有来而耿耿于怀，甚至有一些人对于别人几十分钟的迟到也浮想联翩，认为别人不可能来了，认

为别人太不够意思了而闷闷不乐。总之，生活中总有很多人为各种各样的小事烦恼着。

治疗这种苦闷病最好的药方就是使用造成不快乐的武器——自尊心。更多时候，我们应当正视自己的自尊心，即使是别人轻视我们，我们也不要太过在意。对于自己的重视莫过于自己，我们为什么还要在意别人那一点儿评价？只要我们的心在，最后胜利的还不一定是谁呢。所以，这时我们仍要快乐起来，这是一种大度的快乐，是一种大智若愚的磨砺，以后要不断地积聚力量，并在潜移默化中击败对方，这才是我们的追求。平时我们要养成快乐的习惯，让自己变成一个快乐的主人，而不是一个奴隶。

哪怕以后我们处在悲惨或极其不顺利的境地时，我们也要尽量保持乐观情绪，纵然不能做到完全的快乐，也不要在不幸的生活伤口上撒一把盐。三十年河东，三十年河西，一切都会过去，生活总会对我们有所回报。千万不要让消极情绪打败了自己，或是永不翻身，甚至是郁郁而终，生活给予我们的教训实在是太多了，我们为什么还要在经历一遍别人做过的傻事呢？否则，我们岂不是更傻吗？

詹姆斯说："我们所谓的灾难在很大程度上完全归结于人们

第五章　选择快乐

对现象采取的态度,受害者的内在态度只要从恐惧转为奋斗,坏事就往往会变成令人鼓舞的好事。在我们期望避免灾难而未成功时,我们就会对灾难产生恐惧。如果我们面对灾难,乐观地忍受它,它的毒刺也往往会脱落,变成一株美丽的花。"

我们是有着人生理想的高级动物,不仅仅是为了自己的一日三餐而活,我们甚至是为了更远大的目标而战,奔向目标的你何必在意人生路上的凄风苦雨,心中装着我们的目标就足够了,人生哪有什么平坦的大道呀?何必再给自己背上心理的包袱呢?

第六章 选择正确的感情

第六章　选择正确的感情

感情的选择

谁说喜欢一样东西就一定要得到它？有时候，有些人，为了得到他喜欢的东西，殚精竭虑，费尽心机，更有甚者，可能会不择手段，以致走向极端。也许他得到了他喜欢的东西，但是在他追逐的过程中，失去的东西也无法计算，他付出的代价是其得到的东西所无法弥补的。也许那代价是沉重的，是我们无法承受的，直到最后，他才发现，其实喜欢一样东西，不一定要得到它。真正的爱情不是占有，而是无私地付出，是时刻为对方着想。

曾说过爱你的，今天，仍是爱你，只是，爱你，却不能与

你在一起。一如爱那原野的火百合，爱它，却不能携它归去。渴望得太多，反而会有许多的烦恼。

感情的选择在于能近能远，拿捏适度。对朋友像春天般的温暖，说的是对友人情感的选择；对敌人像秋风扫落叶一样残酷无情，说的是对敌人情感的选择，这是感情选择的两极。而对于一般人来说，情感的选择就在于真与假之间，厚与薄之间，热与冷之间。俗话说，做人无小事。大智若愚、雪中送炭、难得糊涂都是做人的智慧。在彼此交往中，别人有难时相助一把，"雪中送炭"，虽是小节，但被助之人怎么会不铭记在心呢？所以做人、办事，助人便是助己，爱人便是爱己。反之，如果行动言语傲慢，自以为小节无碍，其实已蹈失败覆辙，我们能不警惕吗？

其实，生活并不需要这些无谓的执着，没有什么真的不能割舍。

在爱情旅程中，不会总是艳阳高照、鲜花盛开，也同样有夏暑冬寒、风霜雪雨。有时，你需要学会放手，只有放开了双手，给自己和对方以自由，才能让双方更加的轻松、快乐。放开手，你就会发现，久违的幸福其实就在你的身边。

第六章　选择正确的感情

为何抓不住爱情

　　爱，是最美、最自然的感情。恋爱，仿佛是在弹奏一支奏鸣曲，要按拍子、按轻重来演奏。然而却总有人把踏板踏住破坏了一切美感和乐感。由于不解风情和不懂得恋爱技巧，他们在爱之路上黯然神伤。

　　生活中人们有时反应迟钝，对微妙的情愫不敏感，常常与爱情擦肩而过。

　　摸准对方的心思不是一件容易的事。由于复杂的心理、生理和社会的各种因素，各人有各人不同的性格，有自己特有的感情表达方式。对种种"爱的信息"的选择、捕捉、识别十分

困难和复杂，但爱情确实是可以感知的，并且多半是靠直觉。

眼睛是心灵的窗户。恋爱中的姑娘与小伙子是没有秘密的，他们眼中那奇异而多彩的光芒是会泄露一切的。人们都有这种感觉，恋爱中的女子，即使相貌平平，在那段时间，都变得分外美丽，眼波流转，光芒四射。爱情的生发就是具有这般魔力。当意中人出现的时候，她的目光总是不由自主地被吸引过去，她既渴望他发现她的凝视，又怕与他目光相接。在集会的场合，她的目光从人头攒动的缝隙处凝视他；在工作间隙，她的眼光总是追随着他的一举一动。如果总有一双灵动的眼睛在注视你，你可别装作没发现，这是她自己都未必意识到的爱的信息。

在她对你产生爱慕之心后，总希望自己的言谈举止能引起你的注意，总是千方百计地寻找接近你的机会，总会想方设法地了解你的事。她是否经常与你不期而遇，与你谈天说地或只是默默地陪伴你走一段路程？她是不是常常问起你的家庭情况，让你讲述你的过去，描画未来的蓝图？她的兴趣爱好是不是忽然发生很大改变，以你的兴趣为兴趣，主动"补课"？她是不是常向你谈起自己的童年，给你看儿时的照片，讲从前的朋友，告诉你自己家里的情况？她是不是对你格外关心，总是悄悄地给你出人意料

第六章　选择正确的感情

的帮助？如果是，那就说明她已经钟情于你。

被异性爱慕的信息是千变万化的，不能只根据一两种现象就做出判定并采取行动，应该尽可能地用更多的异常现象互相印证。如果一时拿不准，可以有意识地做一些试探性的举动，不要急于表白。

需要注意的是，当你自己爱上某人时，常常对别人的言行过于敏感，错以为别人对自己"有意思"，其实根本没这回事。这时的你，只是在单相思罢了。

爱是艺术

求爱是一种特殊的爱的信息交流,必须具备起码的前提条件。如果你不讲求爱的方法和技巧,直来直去地贸然向人家求爱,结果会碰一鼻子灰。

胡朋是一个老实人,他爱上了同事莹莹,他觉得莹莹对自己也有那种意思,只是拿不准。因为这事,他神魂颠倒,茶饭不香。一天,他决心向莹莹求爱,管它成不成,至少心里踏实点,免得老是这样探不到底。刚巧,他从办公室出去办事时,在走廊里碰见了莹莹。胡朋心里一冲动,说:"莹莹,你过来一下,我有话跟你说。"莹莹走过来,问:"什么事?""我

第六章 选择正确的感情

爱你！你愿意跟我交朋友吗？"莹莹毫无思想准备，大惊失色，啐道："神经病！"说完，匆匆而去。胡朋受此打击，不要说求爱，连莹莹的面都不敢见了。

求爱是一种特殊的爱的信息交流，必须具备起码的前提条件。老实人不会讲求爱的方法和技巧，直来直去地贸然向人家求爱，结果碰了一鼻子灰。

马克思曾经说过："在我看来，真正的爱情是表现在恋人对他的偶像采取含蓄、谦恭甚至羞涩的态度。"含而不露的表白方式，是指用不包含"爱"的语言，表达"爱"的情感。这种方式适合于双方早已认识，并且有了较多的了解，而对方又是有一定文化教养且性格内向的人。由于这种方式发出的信息比较模糊，即使对方拒绝，也不至于难堪。

不懂幽默，芳心难求

正如劳伦斯所说，世俗生活中最有价值的就是幽默感。作为世俗生活的一部分，爱情生活也需要幽默感，如果不知幽默为何物，可能会在情场上连连失意，难获美人芳心。

在社会生活中，幽默是无处不在的。幽默是语言的润滑剂，如果你善于灵活运用，必将为你的生活带来无穷的乐趣。

柳青姑娘交上了一位胆怯、寡言的男朋友，他的名字叫夏雨。他常去找她，很想接近她，但又没有勇气向她求爱。柳青喜欢他的诚实，但又清楚地知道他的弱点。

一个月牙儿当空的夜晚，万籁俱寂，他和她在小河边的柳树

第六章　选择正确的感情

下坐着。为了打破僵局，柳青想法子要给他一个亲近的机会。

柳青说："有人说，男子手臂的长等于女子的腰围。你相信不？"

夏雨说："你要不要找根绳子来比比看？"

"谁要你找绳子！"柳青生气地责怪。

"你不是要量腰围吗？"夏雨不解地问。

这个夏雨，也确实太老实巴交了，连姑娘示爱的话都听不出来。

爱情不是一颗心对另一颗心的敲打，而是两颗心的相撞。

但是，若要撞击出火花，必须要借助于语言。

谈情说爱，重在一个"谈"字。"谈"得好才能达到喜结良缘的目的；"谈"得不好，就只能桥归桥、路归路了。

可见，说话技巧在恋爱交往中有着举足轻重的作用。而语言的幽默能增添你的魅力，促使你恋爱成功。

无数的事实证明，男女之间互相怀有好感，长出了感情的幼芽，但如何使它健康地生长，直至开出花朵，结出果实，很多人却不得其门。浇灌爱情之树，语言之水是其中一个重要的因素。

如果你有良好的口才素养，你就能更好地掌握爱情几个阶段的"火候"。如果你能发挥幽默的力量，就更能使你的爱情语言妙趣横生。进展顺利时需要甜言蜜语，磕磕碰碰时开个玩

笑，化干戈为玉帛，和好后感情会胜过当初。假如口才素养低下，有"情"不能谈，有"爱"不能表，久而久之，已萌发幼芽的爱情便会枯萎。

对于一对恋人来说，双方之间的默契和幽默具有一种特殊的作用：它使双方在片刻之中发现许多共同的美好的事物——从前的、现在的、将来的，从而使时间和空间暂时消失，只留下美好、欢乐的感觉。

如果爱没有幽默和欢乐，那么爱有什么意义呢？

甚至有人说，爱就是从幽默开始的。

幽默的求爱、求婚方式，似乎更有魅力，更富于使人心动的浪漫情趣。

爱情的表达本无定式，直率与含蓄各有利弊。但是大家都认为以含蓄为宜，一是可以使话语具有弹性，不至于由于对方拒绝就不能挽回局面；二是符合恋爱时的羞怯心理。

正是由于这样，幽默作为一种含蓄的语言形式，人们乐于用它在恋爱生活中表达爱的情感，使人在欢笑中体会到彼此的爱。

幽默是一种特有的品质，一旦形成便能长期保持不变。在恋爱中，善于幽对方一默，便会产生"四两拨千斤"，举重若轻的威力。

第六章　选择正确的感情

爱在细节中失去

女孩大多喜欢男性从细微之处给予关照，聪明的男子善于把握异性的这一心理趋向，便容易击中女孩心中柔软的触角，赢得美人欢心。

如果缺乏细腻，在家庭生活中常会忽视一些细小方面的体贴，爱就会在这些小小的地方失去。

鲜花是爱情的象征，向自己的爱人送上一束鲜花，会讨得爱人的喜爱。不必花费多少钱，在花季的时候尤其便宜，而且常常就有人在街角贩卖。但是从一般丈夫买一束水仙花回家的情形之少来看，你或许会认为它们像兰花那样贵，或像长在耸入云霄的

阿尔卑斯山峭壁上的薄云草那样难以买到。

　　人们一生的婚姻史就像穿在一起的念珠。忽视婚姻中所发生的小事，夫妇之间就会不和。艾德娜·圣·文生·米蕾在她一首小小的押韵诗中说得好："并不是失去的爱破坏我美好的时光，但爱的失去，都是在小小的地方。"

　　在雷诺有好几个法院，一个星期有六天为人办理结婚和离婚，而每有十对来结婚，就有一对来离婚。这些婚姻的破灭，你想究竟有多少是由于真正的悲剧引起的呢？其实，真是少之又少的。假如你能够从早到晚坐在那里，听听那些不快乐的丈夫和妻子所说的话，你就会知道"爱的失去，全都是一些细节问题所造成的"。

　　如果你想维护幸福快乐的家庭生活，就要注意一些细节问题，而且要花点心思来对待自己的家庭生活。

　　对于一个女人来说，如果有人发现她身上的微小变化，她就会有一种被认同的满足感。

　　几乎所有的姑娘，多多少少会有对男友表示过不满。其中最常见的是，当她从美发厅出来，梳着一个新发型，或新买了一件漂亮的衣服，兴致勃勃地等待男友赞美的时候，她的男友却好像视而不见。

第六章　选择正确的感情

"喂，你到底发现没有，我是不是哪里跟以前不太一样了？"即使她这样问，他也还像是没有察觉到的样子："哦，是吗？"再不然就是："你的意思是说，你的发式变了，是吗？"或者"哦，好像你的衣服有点变化，对不对？"

像这样的回答，往往使她大为扫兴，甚至使双方都不愉快。如果女友今天的发型或服饰突然有了变化，作为她的男友，起码也应该主动问一句："今天你去过美发厅了？"或是"你穿的这件衣服是今天刚买的吗？"

只要你有意无意地问一声，她就会感到满意，不会因为你无动于衷而独自生闷气了。

因此，发型也好，身上的服饰也好，只要有一点点改变，经你一说，她就会自我满足了。

一般女性不喜欢做太大的改变，所以，即使想改变一下自己一贯的形象，也不会大换装。她们往往只在那些细节上反复琢磨，这也仅仅是想引起别人的注意或得到几句赞美。

如果你是细心的男人，能够做出这些看似琐碎的事，也许会给自己带来好运。

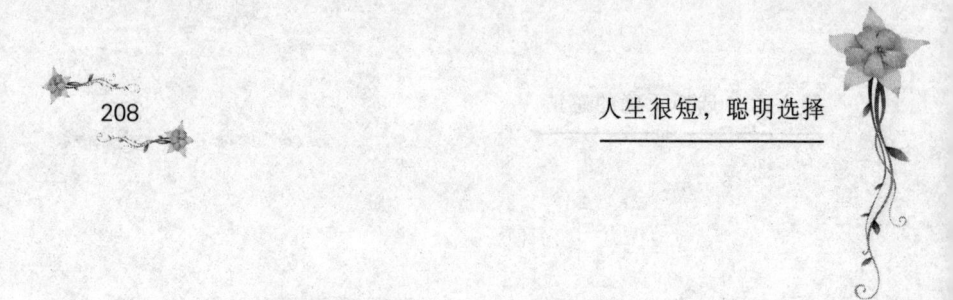

不要自作聪明

很多人之所以在爱情中受挫,一个很大的原因是他们总是自作聪明,爱挑对方的毛病,这是非常不好的做法。一般而言,女性的心理承受能力较弱,喜欢挑别人的毛病,却不允许别人这样对她。

现在的年轻人当中,有很多人对自己不满的事总是很明确地表现出来。而在社会中,经常心怀不满而怨天尤人的人是很受排斥的。因为人们把这种人看成是"一天到晚只会发牢骚的讨厌鬼",甚至将其看成是心愿和思想不正常的人。

但是对女性来说,她并不认为自己是有怨气而不受欢迎的

第六章　选择正确的感情

人。然而"有诸内必形诸外",无论她怎样掩饰,终于要表现出她的不满和抱怨。这时,你责备她只会任性、抱怨,必然会引起她的反感。

因此,即使你要反驳她,也应该采取"先顺后逆"的说话方式,即首先赞同她的观点,仿佛与她站在同一立场上,然后再用"但是""不过"等词来一个转变,向她陈述你不同的意见。

要博得女性芳心,首先必须力求避免她以任何方式拒绝你的追求。因此,在谈话之间必须十分小心,要研究谈话方式,什么事尽量先顺从她,与她保持一致。实在不行时,也应在"但是"上多动脑筋,下功夫,如此,才能使她很快地接受你的意见。

多一点谅解,就会少一点埋怨;多一点包容,就会少一点对抗。生活如此,恋爱更是如此。

爱你在心就开口

要想在情场上指点江山,找到如意的另一半,享受甜美的爱情,就要大胆地去表达。只有表达,才会让别人知晓你心中所想。如果心中有爱却"金口难开",终归会让爱神与你擦肩而过。

李刚是个帅气的小伙子,暗恋着公司里一位漂亮的女孩,却苦于不知如何表达。女孩的一颦一笑令他动心,而女孩的变化无常又让他觉得捉摸不定。一天见不到女孩他便坐立不安,魂不守舍。他很想向女孩倾吐自己的感情,但话到嘴边,又突然泄了气。为此他深感苦恼,不知如何是好。

第六章　选择正确的感情

弗洛姆在《爱的艺术》一书中指出："爱，不是一种本能，而是一种能力，可经有效的学习而获得。"这真是一句鼓舞人心的话，让渴望爱情的人充满了憧憬。那么，我们要如何寻求到自己心中的爱人？

在现实生活里，不少人看见漂亮女孩找了个相貌平平的男朋友就会感到惋惜，认为不般配。然而，为什么这个平常的男士能赢得如此美丽女孩的芳心呢？

你别看女孩子含羞带笑，温柔文静，其实在她的心里，早就将身边的男孩一个个地排起了队。一般来说，仪表当然是首选的，但女孩在青春期架子大，爱摆谱，当然，这也是男孩的恭维给宠坏的。如此一来，那些肯低头，愿捧女孩的小伙子在她心目中的印象分就自然提高了。特别是漂亮的女孩，假如男孩能够以发自内心的关爱对其侍奉，即使男孩子相貌差些，说不定也能锁住她的芳心。但是在通常情况下，仪表堂堂的小伙子就做不到这一点。由于自己长得帅，身边不缺女孩，自视身价不低，怎么可以屈尊"哄你"？因此，即使漂亮的女孩起初也曾被其外表打动，但从长远考虑，假如以后一辈子受这样的"美男人"的牵制，倒不如找一个能够呵护自己的男士过日子。只要自己感觉幸福，别人爱怎么说就怎么说好啦。

因此,所有想找漂亮女孩做朋友的小伙子,当你爱上她时,千万别学这位帅哥王鹏,一定要"爱她在心就开口",不然的话,吃亏的可就是你自己。

"你若是那含泪之射手/我就是/那一只/决定不再躲闪的白鸟/只等羽箭破空而来/射入我早已破裂的胸怀。"

从诗人的吟唱中,我们读出了一种生命的渴望。朋友,你还等什么?勇敢地射出你的丘比特金箭吧!

第六章　选择正确的感情

多说甜言蜜语

大家所熟悉的大文豪马克·吐温常常把写有"我爱你""我非常喜欢你"的小纸条压在花瓶下，给妻子一份意外的惊喜。这种习惯伴随他的一生。可见，甜言蜜语绝非多此一举，而是恋人们增进感情的一个良好途径。

笨嘴拙舌的人与甜言蜜语无缘，他永远也尝不到甜言蜜语带来的甜头。

不论是一见钟情的少男少女，还是同舟共济几十年的老夫老妻，绵绵情话总是说了又说，讲了又讲。每每听到爱人说"我爱你"，总是能激起万般柔情，千种蜜意。恋爱总离不开

交谈，这似乎是经验之谈，对初次相见的男女来说尤其如此。

已婚夫妇也需要交谈，虽然说情感的交流是多渠道的，但语言交流是到什么时候也需要的。

可是，应该说什么呢？怎样说才能使说的人不至于做作，听的人不觉得肉麻呢？卡耐基建议说："当你感到一股穿堂风吹过或觉得闷热时，你说些什么呢？你会脱口而出：'真凉快！'或是'真热！'无须多想，也用不着长篇大论，爱的语言就是这样。如果你正和爱人待在一间屋里，你觉得能和她在一起真高兴，那你就对她说：'和你在一起我真高兴。'"

恋爱中的男女相处的时候，有时甜言蜜语非常受用，尤其是爱情已到了接近谈婚论嫁的阶段，你不妨大胆些，在言语间多放点"蜜"。

一般来说，女人有爱听温柔、甜蜜语言的天性，沐浴在爱河中的人的字典里，是没有老套的字眼的。

任何山盟海誓，"爱你爱到骨头里"的话也可说，不必怕肉麻，除非你并不爱她。

与她久别重逢时你可以讲："好像在做梦，多么希望永远不要清醒。"

你以充满爱意的眼神望着你的心上人："总是惦念着你！

第六章　选择正确的感情

我的感觉，好像一直跟你在一起。"

这是"无法忘怀、时时忆起"的心境，只要谈过恋爱的男女，一定有此经验。上面那句话可以反复使用。相爱之初，热烈的甜言蜜语绝对不会使人感到厌烦，也许还认为不够呢！

"你喜欢我吗？"你不妨大胆地问。

"说说看，喜欢到什么程度？"或用这样的语气追问。

"请你发誓，永远爱我！"甚至你单刀直入地这样对他撒娇说。

"世界是为我们而存在，对不对？"

"你爱我，我可以抛弃一切！你也是这样吗？爱就是一切。"

有很多女性使用如此甜蜜的词句来表达爱意。像这样的言语接二连三地向男性表示"永远不变的纯真爱情"，女性便会沉浸在自我陶醉之中。而男性的反应也会是积极的。

"可以发誓，我永远爱你一人。纵使海枯石烂，爱情也永不变！"男性若能够将其流利地说出来，一定表示他并不重视你，因为他对任何女性都这么说。普通男性会说："又来了！"感到畏缩与失望，口中哼哼嗯嗯地无法给予明确的回答，心中还想着其他的事，譬如房子需要分期付款。

"对永恒不变的爱无法负责。"事实上，这才是男士的真

心话。

当然，在爱情上"我爱你"的言辞用得过多也觉得腻，倘若换用"我需要你"，就显得有实际的感觉。"需要"与"爱"所表现的感受，对男性而言，似乎前者胜于后者。

男性在社会活动中，喜欢被人发现自己存在的价值。

恰当地运用甜言蜜语，可以使两人之间的爱情温度逐渐升高。然而这样的话只能用两人听得到的声音互相呼应，如果在许多朋友面前得意地大声说出来，周围的人会感觉很扫兴，还会很恶心。

"怎么了？愁眉苦脸的熊猫，明天工作一定会顺利进行，提起精神，振作吧！"你选用这很开朗的呼唤与安慰，这时他会回答："我是愁眉苦脸的熊猫，那么你是花蝴蝶？"

甜蜜的称呼也会使两人心心相印。他的心情会逐渐变好，感觉到你赠予的爱情的温暖。

甜言蜜语是恋爱中的男女不可或缺的，巧妙地运用甜言蜜语，无异于为爱情添上一种"情感增效剂"。

第六章　选择正确的感情

求爱有方法

　　"关关雎鸠，在河之洲；窈窕淑女，君子好逑。"两性相悦，如此优雅，唯有人类。无论人或动物，有一点是相通的，即通常情况下，动物的求欢，总是雄性处在主动状态，雌性处在被动状态。当然也有例外，但是绝少发生的。这是造物主的安排。

　　求爱必须有所恃，怡人的仪表、雅致的风度、丰厚的财富，这些自然是求爱成功的先决条件。但具备这些条件不等于求爱就一定成功，不具备这些条件，也不等于不能求爱。在相应文化、年龄、社会地位的男女之间，男子向女子展开求爱攻

势，技巧起着十分重要的作用。技巧才是求爱成功的充要条件。求爱技巧如用一个简练的方程式表示，可以归纳为：

爱情＝面皮＋功夫＋嘴巴＋投其所好

试解如下：

1. 面皮

面皮厚的意思。面皮厚，死缠着你喜欢的女孩不放，又不使其讨厌。说想说的话，做想要做的事，不羞羞答答，理直气壮地说你爱她。不为自己的胡搅蛮缠羞耻，不羞于为她跑腿、捏脚、倒洗脚水。

2. 功夫

功夫深的意思。只要功夫深，铁杵磨成针。试把你喜欢的女人当成你想攻克的堡垒，兢兢业业，埋头苦干，任劳任怨，不计报酬。女人的心肠总是软的，一天不行一个月，一个月不行一年，功到自然成。

3. 嘴巴

嘴巴甜的意思，甜言蜜语，甜而不腻。让她觉得你是世界上最忠实的男人。如果她瘦的话，说她苗条；如果她胖的话，说她丰满；如果她不算漂亮，说她漂亮；如果她单眼皮，说她像韩国影视偶像。

第六章　选择正确的感情

4.投其所好

就是察言观色，说她想听的，给她想要的。她打喷嚏时，给她递手帕。她笑的时候陪她笑，哭的时候为她擦眼泪。

听说还有最有效的一招，就是屡试不爽的"电话牵引法"。

刚开始的时候，前两周每天固定一个时间打电话给她，最好是晚上，轻松地和她聊聊天。坚持下来，让她不自觉地形成习惯，就像到点要等着看看精彩的电视剧一样，她慢慢地会产生强烈的约会意识，到这个点就会想起你的电话和你来。

集中火力猛攻两周，让你的电话成为她晚间生活的一部分，完全渗进她的思维之中。

两周后，你告诉她，最近比较忙，要隔一天打给她。不用担心，这时，你已经占据主动了，效果会比天天打好。在不打电话的那一天里，她会期待明天的电话，回味昨天的内容。

一周后，你又说要出差了，不能天天打了。"距离产生美"。你在那遥远的地方，她难免会牵肠挂肚。而且，你在外地的长途，会更让她感受到你对她的重视。

"电话牵引法"是借用了"虚实相生"的道理，或者引用文艺理论的名词，叫"隐含的读者""有意味的想象空白"。你就像在设一个填空题，让对方来自动地填空。

许多人认为爱情只是彼此本能的一种牵引，不需要任何方式上的改进。却不知追求爱情也需具备一定的技巧和方法。有时，一个关键的技巧，便能助你赢得如意的爱情。

含蓄地表达爱情，可以使话语具有弹性，不至于遭到拒绝就没法挽回。再者，这也符合恋爱时的羞怯心理。

含蓄表达爱情的方式可有以下几种：

1.暗示法

请看下面一则书信：

晓晓：

你好！

我想向你奉献出我的一颗心。

一颗包含全部思想、感情和灵魂的心，以换取你的一颗对等的心。你愿意交换吗？

请你做出如下回答：A.愿意交换；B.不愿意交换。

说明：

1. 请你在我们的固定教室（309教室）后墙的黑板的左下角写上A或B。

2. 如果你猜不出我是谁，说明你心中根本没有我，因而

第六章　选择正确的感情

也无须做任何答复。

"现代人"于×月×日

这样巧妙的表白，一定会赢得恋人的芳心。

2.以物传情法

以物传情法，就是在运用语言表达爱情的同时，借用物品传情意，以起到含蓄地表达爱情的目的。有的人就是借用一首诗、一张照片、一本书或一张卡片来传递爱的信息。

3.表示关心法

鲁迅先生的《两地书》中，收进了他写给夫人许广平的许多信件，记载了这位文学巨匠表达爱情的特殊方式，给人们留下了非常有益的启示。

比如信中常有这样的句子："应该善自保养，使我放心。"这些关怀备至的话语，比起那些空洞无物的抒情、赞美的话，要有感情得多了。

4.表达感受法

若你对他（她）直说"我喜欢和你在一起"，就不如说"我和你在一起的时候，总觉得时间过得那么快，真是光阴似箭；和你分别后，又觉得时间过得那么慢，真像是度日如年"。

你对他（她）说："我非常想念你。"就不如说："真不

知怎么搞的,每当我做完工作,一静下来,你就在我的脑海中浮现,我就会想起我们在一起的日子。"

含蓄表达爱情的方法多种多样,要根据具体人、具体情况来灵活运用。假如你的恋人是一位文化水平不高的人,你就不能采用写深奥难懂的诗赠给对方的方式。如果这样,非但不能达到表示爱情的目的,还有可能会引起不必要的误会。

第六章　选择正确的感情

人生的意义

人来到这个世界上是不可选择的,就是这个世界的不速之客。我们不能选择什么时候出生,不能选择在什么地方出生,更不能选择出生在什么样的家庭。我们那时候没有一点话语权,所以在我们刚刚来到这个世界时,用最大的哭声去控诉自己遭受的不公平。

然而,更让人伤心的是,我们的人生都面临一个同样的终点——死亡。虽然死亡是个有点忌讳讨论的话题。但是在明白了所有人总有一天要死去的时候,生命还是带有了不可抹掉的悲剧色彩。当一个人死去,亲友们的哭声表达着对逝者离去的

悲伤。

就这样,我们在自己的哭声中来到这个世界,在亲友的哭声中离开这个世界。没有人能改变这个自然规律,对于每个人来说这都很公平。当我们身体健康、事业顺利、家庭幸福的时候,我们不会去担心自己的人生。可是生活不易,每个人都在自己生活的战场上战斗。

在烈日骄阳之下,一个衣衫破烂的人赤脚行走在被炙烤得发烫的街道上。他歪歪倒倒地前行着,看起来十分虚弱,好像生命正在一点点消逝,最后无力支撑,倒在街边。他大口喘着气,汗珠无力地淌着。这时,一声清脆的铜钱金属撞击地面的声音,一枚刺眼的铜钱掉落在他的面前。

很明显别人把他当成了乞丐。他捡起铜钱追向那个丢钱给他的人,生气地对他说:"先生,我不是乞丐。"好心的路人被这意外发生的情况吓了一跳,他接过流浪汉塞回来的铜钱,诧异地离开了。

虚弱的流浪汉依旧坐在地上,等待着生命的结束,他不接受任何人施舍的物品,最后他的生命消逝了。

在生命的历程中,我们一直在追问一个问题:我们为什么

第六章 选择正确的感情

而活着？从来没有一个让人信服的答案，但是我们不能为了活着而活着。

莎士比亚说："轻浮的虚荣是一个十足的饕餮者，它在吞噬一切之后，结果必然牺牲在自己的贪欲之下。"

虚荣是一种无聊的、骗人的东西，我们要时时提醒自己远离虚荣，以免被它撞得头破血流。虚荣是虚妄的荣耀，是掩耳盗铃的现代解释，是无知无能的你最想依赖而实际上最依靠不住的心灵稻草。稻草人是用来吓唬乌鸦及其他动物的，而你是人，还有点智商，你想用稻草人来保护自己，真是愚蠢至极。

虚荣心是一种为了满足自己荣誉、社会地位的欲望。虚荣心强的人往往不惜玩弄欺骗、诡诈的手段来炫耀、显示自己，借此博取他人的称赞和羡慕，最大限度地满足自己的虚荣心。但是由于这种人自身素质低、修养差，经常是真善美与假恶丑不分，往往把肉麻当有趣，将粗俗当高雅，打扮不合时宜，矫揉造作，不伦不类，使人感到很不舒服，甚至产生恶心之感。

故事中的乌鸦，就是因为贪图虚荣，盲目追求标新立异的效果，结果弄巧成拙，留下了笑柄。华丽的外表无法掩饰空虚的心灵。很难想象一个爱慕虚荣的人能有多大的成就，因为他们总是把一些浮在表面上的东西作为提高自己地位的条件，

而不是扎实地生活和工作。由于虚荣心具有许多负面的东西，是一种扭曲的人格，它多半会遭到他人的反感和敌意，甚至攻击，因此要尽量克服它。

要克服虚荣心，关键要树立正确的荣辱观，即对荣誉、地位、得失、面子要持有一种正确的认识和态度。不可过分追求荣华富贵、安逸享受，否则就真的陷入了爱慕虚荣的怪圈。虚荣心会将你带入无知的深渊。你如果只是追求名誉、地位，看重他人对你的看法，那你就会在无意中将真实和真理拒之于千里之外。追求虚荣是与追求真理相悖的一种肤浅意识。

安贝卡说："即使你穷得只剩一件衣服，也要将它洗得干干净净，让自己穿起来有一种尊严。"生命虽然很脆弱，但是一旦点燃了生命的意义之火，却可以变得异常坚强。

佛说生命的意义不在于长度，而在于能付出多少。在有限的生命能享受人生，比别人和自己带来快乐的生命才是精彩的。我没有能力帮你回答我们是为什么而活着，但是活着就要有意义，这是需要终其一生去追寻的答案。

珍爱生命

人要主宰自己，做自己的主人。沮丧的面容、苦闷的表情、恐惧的思想和焦虑的态度是你缺乏自制力的表现，是你弱点的表现，是你不能控制环境的表现。它们是你的敌人，要把它们抛到九霄云外。

人生总有得意和失意的时候，一时的得意并不代表永久的得意；然而，在一时失意的情况下，如果你不能把心态调整过来，就很难再有得意之时。

故事中的老人，在失意甚至绝望的状态下，重新寻回了希望，赶走了悲伤。这不能不说是他人生中的又一大转折。

联想到我们日常的生活和学习，如果遇到失意或悲伤的事时，我们一样要学会调整自己的心态。如果你的演讲、你的考试和你的愿望没有获得成功；如果你曾经尴尬；如果你曾经失足；如果你被训斥和谩骂，请不要耿耿于怀。对这些事念念不忘，不但于事无补，还会占据你的快乐时光。抛弃它吧！走出阴影，沐浴在明媚的阳光中，把它们彻底赶出你的心灵。

如果你曾经因为鲁莽而犯过错误；如果你被人咒骂；如果你的声誉遭到了毁坏，不要以为你永远得不到清白，勇敢地走出失败的阴影吧！让那担忧和焦虑、沉重和自私远离你；更要避免与愚蠢、虚假、错误、虚荣和肤浅为伍；还要勇敢地抵制使你失败的恶习和使你堕落的念头，你会惊奇地发现你人生的旅途是多么的轻松、自由，你是多么自信！不管过去的一切多么痛苦，多么顽固，把它们抛到九霄云外。不要让担忧、恐惧、焦虑和遗憾消耗你的精力。把你的精力投入到未来的创造中去吧。请记住：生命在，希望就在！

一个在法国"鲸鱼学校"上学的13岁的学生，有一次他这样写道："鲸鱼是如此安详，并让我接近它。它们的身体徐徐摆动。我靠近了一头在母鲸上边游着的小鲸鱼。它蓝色的身体距我仅20厘米，不安地望着我，不知我将怎么对待它。这太诱

第六章　选择正确的感情

人！我忍不住去抚摸它，它身上有很多小裂口，我看到我的手指在它光滑的皮上留下长长的痕迹。这是多么美妙。"

每一种生命都有它的可爱之处。浩瀚的大海，明媚的阳光，可爱的鲸鱼，与大自然如此融为一体，谁都会认为这是一道最美的风景。画面一转，在电视上，一群日本人在捕捉鲸鱼，被网住的鲸鱼痛苦地挣扎，但最后还是成了猎物。为了捕捉鲸鱼而捞上来的很多无辜的海豚，正在嗷嗷地嘶叫着并等待着它们生命的最后毁灭。鲜血漂满了蔚蓝色的海洋，生命就这样在顷刻间黯然消失，那血淋淋的场面至今让人不寒而栗。

我又想起了前一段日子在网络上流传的"高跟鞋踩猫"闹剧，这在社会上产生了极大的影响，然而更为可怕的是我们对自己生命的践踏，在人类发展的历史上，战争从来就没有消失过。在战争中，生命变成了牺牲品。

珍爱生命，对生命怀有敬畏之心，我们的社会就会少一点血腥，多一点温暖，多一些仁爱、多一些生命的感动和精彩。